KB054584

공부
기본기

중학 과학 개념 어휘력

공부기본기 **중학 과학** 개념 어휘력

1판 1쇄 발행 2015년 12월 10일

지은이 민보경
펴낸이 이재성
기획편집 김민희
디자인 noey
삽화 스튜디오 돌
마케팅 이상준

펴낸곳 북아이콘스쿨
등록 제313-2012-88호
주소 150-038 서울시 영등포구 영신로 220 KnK디지털타워 1102호
전화 (02)309-9597(편집)
팩스 (02)6008-6165
메일 bookicon99@naver.com

ISBN 978-89-98160-12-8 53400

중학 과학 개념 어휘력

글 민보경

북아이콘스쿨

이 책의 특징

01:

공부는 무엇보다 기본기가 우선입니다.

게임이나 스포츠도 규칙을 모르거나 요령이 없을 때는 재미도 없고 실력도 늘지 않지만, 그 규칙이나 요령을 알고 나면 쉬워지고 흥미가 생겨납니다. 공부도 마찬가지로 알면 재미있고, 재미가 있으면 더 열심히 하고 잘할 수 있게 되는 것입니다.

운동선수에게 기초 체력이 중요하듯이, 공부하는 학생에게는 공부의 기본기가 무엇보다 중요합니다. 기초가 잘 닦여 있어야 응용도 가능하고, 실전력도 생기기 때문입니다. 이에 반해 기본기가 탄탄하지 못하면, 상황 변화에 따른 대응력이 떨어져 쉽게 흔들리게 됩니다. 국어, 수학, 영어, 사회, 과학 등 모든 과목 학습에 있어 튼튼한 기본기가 뒷받침되어야 하는 것입니다. 이러한 공부의 기본기를 갖추는 데는 시간이 걸리지만 궁극적으로는 훨씬 빨리 도달하는 지름길이며, 꼭 통과해야 하는 외나무다리인 것입니다.

02:

개념 이해는 과학 학습에 가장 중요한 기초입니다.

개념이란 많은 지식과 정보의 핵심을 체계화한 것으로, 개념 학습은 공부의 시작이자 끝이라 할 수 있습니다. 즉, 모든 공부의 기본은 개념을 아는 것에서 시작합니다. 교과 내용을 단순히 외우고 문제풀이를 하는 학습 방법으로는 제대로 된 실력을 쌓을 수 없습니다. 과목의 핵심을 원리적으로 이해해야 학습 능력이 향상되는 것입니다. 그러나 대부분의 학생들은 개념을 익히는 것을 힘들어 합니다. 개념어는 단순한 어휘가 아니라 많은 지식이 담겨 있기 때문입니다. 과학 또한 마찬가지입니다. 과학 과목에는 학생들이 어려워하는 물리, 화학, 생물, 지구과학 관련 수많은 개념이 있습니다. 이러한 기본 어휘나 개념을 알아야 과학 공부의 이해가 빨라지는 것입니다.

03 :

개념만 알아도 과학이 재미있고 쉬워집니다.

과학은 기본 개념부터 확장된 개념까지 정확히 이해해야만 점수를 올릴 수 있습니다. 개념을 확실히 알아야 여러 상황이나 조건에 적용하여 창의적으로 문제를 해결할 수 있기 때문입니다.

그러나 교과서나 참고서에 나오는 개념에 대한 설명은 친절하지 않고 이해하기 쉽지 않습니다. 이에 반해 이 책은 중학생 수준에 맞춰 과학의 개념들을 차근차근 친근하게 설명해 줍니다. 굳이 책을 붙잡고 암기하지 않아도 읽다 보면 개념이 술술 이해될 것입니다.

이 책에는 과학 관련 개념들과 과학을 공부하다 보면 나오는 어휘들이 함께 실려 있습니다. 특히 한자 의미의 이해를 기반으로 개념을 효과적으로 습득할 수 있도록 구성하였습니다. 즉, 연관성 있는 단어들을 묶어놓고 각각 한자 풀이를 해놓음으로써 한자의 이해를 통해 개념을 손쉽게 익히도록 한 것입니다. 이를 통해 개념 파악뿐만 아니라 과학을 공부하는 재미도 함께 느낄 수 있을 것입니다.

개념도 사전식으로 개별적으로 익히면 그 단어가 어디에 위치하고 있는지 숲을 보지 못하게 되어 학습 효과가 떨어집니다. 이에 반해 이 책은 개념 학습이 각 영역별 계통 속에서 이루어질 수 있도록 구성하여 숲과 나무를 동시에 볼 수 있습니다.

04 :

개념 학습을 통해 과학 학습 능력이 향상됩니다.

초등학생 때 공부를 제법 하던 학생이 중학교에 올라가서 성적이 떨어지는 데에는 여러 가지 이유가 있겠지만 일차적으로는 약한 어휘력과 더불어 개념에 대한 이해가 부족하기 때문입니다.

이 책은 중학생들의 어휘력과 독해력이 늘어나고 폭넓게 사고할 수 있도록, 중학생들에게 꼭 필요한 과학 과목의 물리, 화학, 생물, 지구과학 개념 전반에 걸쳐 친절하게 해설하고 있습니다. 재미있게 읽고 이해하는 과정을 통해 과학 공부가 쉬워지는 것은 물론이고, 과학을 이해하는 안목이 깊어질 것입니다.

이 책의 차례

3 우리 주위의 물질

01 이온화

이온(ion)/ 이온화(化)/ 앙금(deposit)/ 침전(沈澱)/ 앙금 생성 반응(--生成反應)/ 알짜 이온(ion)·구경꾼 이온(ion)/ 알짜 이온 반응식(反應式)

02 전해질과 비전해질

전해질(電解質)·비전해질(非電解質)/ 강전해질(强電解質)·약전해질(弱電解質)/

4 물질의 특성

01 물질의 특성

크기 성질(性質)/ 세기 성질(性質)/ 특성(特性)/ 겉보기 성질(性質)/ 끓는점(點)/ 녹는점(點)· 어는점(點)/ 밀도(密度)/ 용해(溶解)/ 용질(溶質)/ 용매(溶媒)/ 용액(溶液)/ 용해도(溶解度)/ 포화 용액(飽和溶液)

02 순물질과 혼합물

순물질(純物質)/ 홑원소 물질(-元素物質)/ 화합물(化合物)/ 공유 결합(共有結合)/ 공유 전자쌍(共有電子雙)/ 이온 결합(結合)/ 화학식(化學式)/ 혼합물(混合物)/ 균일 혼합물(均一混合物)/ 불균일 혼합물(不均一混合物)/ 증류(蒸溜)/ 분별 증류(分別蒸溜)/ 분별(分別) 깔때기/ 거름(filtration)/ 추출(抽出)/ 재결정(再結晶)/ 분별 결정(分別結晶)/ 크로마토그래피(chromatography)

5 화학 반응

01 여러 가지 화학 반응

산(酸)/ 염기(鹽基)/ 중화 반응(中和反應)/ 지시약(指示藥)/ 산화(酸化)/ 환원(還元)

02 화학 반응에서의 규칙성

물리적 변화(物理的變化)/ 화학적 변화(化學的變化)/ 일정 성분비 법칙(一定成分比法則)/ 배수 비례 법칙(倍數比例法則)/ 질량 보존 법칙(質量保存法則)/ 화합(化合)/ 분해(分解)/ 치환(置換)

III 생물 98쪽~167쪽

1 생물의 구성과 다양성

01 세포

세포(細胞)/ 핵(核)/ 세포막(細胞膜)/ 세포벽(細胞壁)/ 세포질(細胞質)/ 미토콘드리아(mitochondria)/ 엽록체(葉綠體)/ 액포(液胞)

02 현미경

광학 현미경(光學顯微鏡)/ 접안(接眼) 렌즈·대물(對物) 렌즈/ 조동 나사(躁動螺絲)·미동 나사(微動螺絲)/ 조리개(diaphragm)/ 광원 장치(光源裝置)/ 재물대(載物臺)

03 생물의 구성

단세포 생물(單細胞生物)/ 다세포 생물(多細胞生物)/ 조직(組織)/ 조직계(組織系)/ 기관(器官)/ 기관계(器官系)/ 개체(個體)

04 동물과 식물의 분류

척추동물(脊椎動物)/ 어류(魚類)/ 양서류(兩棲類)/ 파충류(爬蟲類)/ 조류(鳥類)/ 포유류(哺乳類)/ 종자식물(種子植物)/ 포자식물(胞子植物)/ 겉씨식물(gymnosperm)·속씨식물(angiosperm)

05 식물의 뿌리와 줄기

뿌리(root)/ 뿌리털(root hair)/ 생장점(生長點)/ 체관(-管)/ 관다발/ 형성층(形成層)

06 식물의 잎

쌍떡잎식물(雙--植物)/ 외떡잎식물(外--植物)/ 유기물(有機物)/ 무기물(無機物)/ 잎맥(-脈)/ 표피(表皮)/ 울타리 조직(palisade tissue)/ 해면 조직(海綿組織)/ 기공(氣孔)/ 공변세포(孔邊細胞)/ 증산 작용(蒸散作用)/ 광합성(光合成)

---

2 소화, 순환, 호흡, 배설

01 영양소

영양소(營養素)/ 탄수화물(炭水化物)/ 단백질(蛋白質)/ 지방(脂肪)/ 물(H_2O)/ 비타민(vitamin)/ 무기염류(無機鹽類)

02 음식물의 흡수와 영양소의 이동

소화(消化)/ 입(mouth)/ 식도(食道)/ 위(胃)/ 이자(胰子)/ 소장(小腸)/ 대장(大腸)/ 간(肝)/ 소화 효소(消化酵素)/ 아밀레이스(amylase)/ 펩신(pepsin)/ 트립신(trypsin)/ 라이페이스(lipase)

03 혈액의 순환

혈구(血球)/ 적혈구(赤血球)/ 백혈구(白血球)/ 혈소판(血小板)/ 혈장(血漿)/ 심장(心臟)/ 심방(心房)·심실(心室)/ 혈관(血管)/ 동맥(動脈)/ 정맥(靜脈)/ 모세혈관(毛細血管)/ 혈압(血壓)/ 맥박(脈搏)/ 체순환(體循環)/ 폐순환(肺循環)

04 호흡

기관(氣管)/ 폐포(肺胞)/ 흉강(胸腔)/ 갈비뼈(rib)/ 횡격막(橫隔膜)/ 외호흡(外呼吸)· 내호흡(內呼吸)

05 배설

배설(排泄)/ 콩팥(kidney)/ 네프론(nephron)/ 사구체(絲球體)/ 보먼주머니(Bowman's capsule)/ 세뇨관(細尿管)/ 오줌관/ 방광(膀胱)/ 여과(濾過)/ 재흡수(再吸收)·분비(分泌)

---

3 자극과 반응

01 자극과 감각 기관

시각(視覺)/ 명암 조절(明暗調節)/ 원근 조절(遠近調節)/ 근시(近視)/ 원시(遠視)/ 청각(聽覺)·평형 감각(平衡感覺)/ 후각(嗅覺)/ 미각(味覺)/ 피부 감각(皮膚感覺)

02 신경계

신경(神經)/ 신경계(神經系)/ 뉴런(neuron)/ 뇌(腦)/ 대뇌(大腦)/ 소뇌(小腦)/ 중뇌(中腦)/ 간뇌(間腦)/ 연수(延髓)/ 척수(脊髓)/ 반응(反應)/ 무조건 반사(無條件反射)·조건 반사(條件反射)

03 약물과 건강

진정제(鎮靜劑)/ 흥분제(興奮劑)/ 환각제(幻覺劑)/ 내분비샘(內分泌-)/ 외분비샘(外分泌-)/ 혈

당량(血糖量)

04 호르몬

뇌하수체(腦下垂體)/ 갑상선(甲狀腺)/ 부신(副腎)/ 이자(pancreas)/ 정소(精巢)·난소(卵巢)

4
생식과 발생

01 세포 분열

세포 분열(細胞分裂)/ 체세포(體細胞)/ 생식세포(生殖細胞)/ 염색체(染色體)/ 상동 염색체(相同染色體)/ 간기(間期)/ 전기(前期)/ 중기(中期)/ 후기(後期)/ 말기(末期)/ 감수 분열(減數分裂)

02 생식

무성 생식(無性生殖)/ 분열법(分裂法)/ 출아법(出芽法)/ 영양 생식(營養生殖)/ 유성 생식(有性生殖)/ 정자(精子)/ 난자(卵子)/ 수정(受精)/ 수정막(受精膜)/ 체외 수정(體外受精)/ 발생(發生)/ 화분(花粉)/ 수분(受粉)/ 씨방(-房)/ 밑씨/ 중복 수정(重複受精)/ 배(胚)

03 사람의 생식과 출산

부정소(副精巢)/ 수정관(輸精管)/ 저정낭(貯精囊)/ 수란관(輸卵管)/ 자궁(子宮)/ 질(膣)/ 배란(排卵)/ 월경(月經)/ 임신(姙娠)/ 태아(胎兒)/ 태반(胎盤)/ 출산(出産))

5
유전과 진화

01 유전 법칙

유전(遺傳)/ 형질(形質)/ 순종(純種)/ 자가수분(自家受粉)/ 우성(優性)·열성(劣性)/ 표현형(表現型)/ 유전자형(遺傳子型)/ 우열의 법칙(優劣-法則)/ 분리의 법칙(分離-法則)/ 독립의 법칙(獨立-法則)

02 사람의 유전과 진화

가계도(家系圖)/ 색맹(色盲)/ 반성유전(伴性遺傳)/ 진화(進化)/ 자연선택(自然選擇)/ 변이(變異)

IV 지구과학 168쪽~216쪽

1
지구계와 지권의 변화

01 지각을 구성하는 암석과 암석을 구성하는 물질

광물(鑛物)/ 암석(巖石)/ 조암광물(造巖鑛物)/ 조흔색(條痕色)/ 마그마(magma)/ 용암(鎔巖)/ 화성암(火成巖)/ 퇴적암(堆積巖)/ 변성암(變成巖)

02 지표의 변화

풍화(風化)/ 침식(浸蝕)/ 용융(鎔融)/ 화산(火山)/ 지진(地震)/ 지진파(地震波)/ 진원(震源)/ 진앙(震央)/ 지진계(地震計)

03 지구의 내부 구조

지각(地殼)/ 핵(核)

04 움직이는 대륙과 지각 변동

대륙이동설(大陸移動說)/ 맨틀대류설(--對流說)/ 해저확장설(海底擴張說)/ 판구조론(板構造論)/ 해령(海嶺)/ 해구(海溝)

2 수권의 구성과 순환

01 수권의 구성

빙하(氷河)/ 만년설(萬年雪)/ 지하수(地下水)/ 염분(鹽分)/ 증발량(蒸發量)/ 강수량(降水量)/ 해류(海流)/ 해빙(海氷)/ 결빙(結氷)

02 수권의 순환

혼합층(混合層)/ 수온약층(水溫躍層)/ 심해층(深海層)/ 조경수역(潮境水域)/ 대륙붕(大陸棚)

3 기권과 우리 생활

01 대기권

대기(大氣)/ 대기권(大氣圈)/ 공기(空氣)/ 자외선(紫外線)/ 대류권(對流圈)/ 성층권(成層圈)/ 중간권(中間圈)/ 열권(熱圈)/ 계면(界面)

02 지구의 열수지

복사평형(輻射平衡)/ 온실효과(溫室效果)

03 구름과 강수

수증기(水蒸氣)/ 응결(凝結)/ 노점(露點)/ 상대습도(相對濕度)/ 팽창(膨脹)/ 빙정(氷晶)/ 빙정설(氷晶說)/ 병합설(併合說)

04 기단과 전선

기압(氣壓)/ 해풍(海風)·육풍(陸風)/ 기단(氣團)/ 전선(前線)/ 한랭전선(寒冷前線)/ 온난전선(溫暖前線)

05 대기 대순환

대기 대순환(大氣大循環)/ 적도(赤道)/ 무역풍(貿易風)/ 편서풍(偏西風)/ 극동풍(極東風)

4 태양계

01 지구와 달

자전(自轉)/ 공전(公轉)/ 천체(天體)/ 월식(月蝕)/ 일식(日蝕)/ 북극성(北極星)/ 고도(高度)/ 위도(緯度)/ 경도(經度)/ 일주운동(日周運動)/ 연주운동(年周運動)/ 천구(天球)/ 황도(黃道)/ 백도(白道)/ 지평선(地平線)/ 방위각(azimuth)/ 초승달/ 상현달/ 보름달/ 하현달/ 그믐달/ 조석(潮汐)/ 만조(滿潮)·간조(干潮)/ 대조(大潮)·소조(小潮)

02 태양계 탐사

내행성(內行星)/ 외행성(外行星)/ 지구형 행성(地球型行星)/ 목성형 행성(木星型行星)/ 위성(衛星)/ 소행성(小行星)/ 왜소행성(矮小行星)/ 혜성(彗星)/ 유성(流星)/ 운석(隕石)/ 광구(光球)/ 쌀알무늬(granule)/ 흑점(黑點)/ 채층(彩層)/ 코로나(corona)/ 홍염(紅焰)/ 플레어(flair)

5 외권과 우주 개발

01 별

시차(視差)/ 연주시차(年周視差)/ 겉보기 등급(---等級)/ 절대 등급(絶對等級)

02 우주

은하(銀河)/ 성단(星團)/ 성운(星雲)/ 적색편이(赤色偏移)/ 청색편이(靑色偏移)/ 대폭발우주론(大爆發宇宙論)

start!

I

물리

重(무거울 중) **力**(힘 력):

무거움을 느끼게 하는 힘.
질량을 가진 모든 물체를 지구 중심으로
잡아당기는 힘

1 힘과 운동

지표면 가까이에 있는 물체는 받치거나 들고 있지 않으면 중력에 의해 땅으로 떨어진다. 이렇게 중력은 모든 물체가 닿아있지 않고 떨어져 있어도 끌어당기는 힘이며, 모든 물체는 모두 다른 물체에 중력을 미친다. 중력의 크기는 물체의 질량과 물체 사이의 거리에 따라 달라진다. 태양의 중력은 지구와 다른 행성들을 궤도운동하도록 하는데, 이는 지구의 중력이 달을 궤도운동하도록 하는 것과 같다.

전기적으로 대전된 물체와 자석은 손대지 않고 다른 물체를 끌어당기거나 밀어낼 수도 있다. 전하는 양(+)전하와 음(−)전하 두 종류가 있다. 같은 종류의 전하는 서로 밀어내고, 반대 종류의 전하는 서로 끌어당긴다. 물체에는 보통 같은 수의 양전하와 음전하가 있어서 전체적으로는 중성이다. 물체에서 음전하가 많아지거나 부족해지면 전기력이 나타난다. 자기는 전기와 매우 밀접하게 관련되어 있다. 전하를 움직이면 자기장이 생기고, 자석을 움직이면 전기장이 생긴다. 이렇게 전기와 자기의 상호작용은 전기 모터, 발전기, 전자기파의 발생을 포함한 많은 현대 기술의 기초이다.

물체는 직선, 지그재그, 둥글게, 앞뒤로, 빠르거나 느리게 등 많은 방식으로 움직인다. 이러한 물체의 움직임을 변화시키기 위해서는 힘이 필요하다. 즉 운동의 속도나 방향의 변화는 외부 힘에 의해 일어난다. 힘이 클수록 운동의 변화는 크고, 물체가 무거울수록 운동의 변화는 작다.

01 우리 주변의 힘

중력(重力) | **질량**(質量) | **중력장**(重力場) | **전기력**(電氣力) | **인력**(引力) | **척력**(斥力) | **전기장**(電氣場) | **자기력**(磁氣力) | **자기장**(磁氣場) | **마찰력**(摩擦力) | **탄성력**(彈性力) | **부력**(浮力) | **합력**(合力) | **평형**(平衡)

02 여러 가지 운동

운동(運動) | **속력**(速力) | **속도**(速度) | **등속 직선 운동**(等速直線運動) | **등속 원운동**(等速圓運動) | **관성**(慣性) | **낙하 운동**(落下運動) | **포물선 운동**(拋物線運動)

01 | 우리 주변의 힘

중력은 물체 사이의 인력이다. 중력의 크기는 물체의 질량에 비례하고, 물체 사이의 거리가 증가함에 따라 빠르게 약해진다. 전기력은 전기를 띤 입자 사이에서 작용하며, 전자기력은 인력과 척력 두 종류가 있다. 원자 내에서 핵과 전자 사이에 작용하는 전기력은 핵과 전자 사이에 작용하는 중력보다 훨씬 크다. 원자 내에서 작용하는 전기력은 원자와 분자를 결합시키고 모든 화학 반응에 관여한다.

중력(重力) gravity	重(무거울 중) 力(힘 력): 무거움을 느끼게 하는 힘. 질량을 가진 모든 물체를 지구 중심으로 잡아당기는 힘

지구는 사람을 포함하여 질량을 가진 모든 물체를 지구 중심 쪽으로 잡아당기는데, 그 힘을 중력이라고 해요. 우리가 지구에 발을 딛고 서있을 수 있는 것도 중력 덕분이에요. 중력이 없다면 우리 몸은 공중에 붕 떠있게 되고 무게를 느낄 수 없게 되지요. 몸무게가 중력이냐고요? 맞아요. 중력, 즉 무게(w)는 질량(m)×중력 가속도(g)로 나타내지요.

질량(質量) mass	質(성질 질) 量(분량 량): 물체의 성질을 양적으로 나타낸 것

물체의 성질을 양적으로 나타낸 것을 질량이라고 해요. 질량은 어디에서 측정해도 그 값이 일정해요. 지구에서 질량이 1 kg인 물체는 달에서 측정해도 1 kg이에요. 달에서는 중력 가속도가 지구의 약 $\frac{1}{6}$ 정도인데, 어떻게 질량이 같으냐고요? 중력(무게)은 질량에 중력 가속도를 곱한 값이므로 중력 가속도에 따라 달라지지만 질량은 물체의 성질이므로 일정한 거예요.

중력장(重力場) gravity field	重(무거울 중) 力(힘 력) 場(마당 장): 중력이 작용하는 마당(공간)

중력이 작용하는 마당(공간)을 중력장이라고 해요. 그럼, 운동을 하는 마당은? 운동장! 정답입니다. 축구를 하는 마당은? 축구장! 또 정답입니다. 중력장 내에서 손에 들고 있던 물체를 놓으면 아래로 떨어지는데, 왜 그럴까요? 지구 중심 쪽으로 중력이 작용해서 그런 것이지요. 그럼, 이제 중력과 중력장 모두 이해되었죠?

전기력(電氣力) electric force

電(전기 전) 氣(기운 기) 力(힘 력): 전기를 띤 물체 사이에 작용하는 힘

전기를 띤 물체 사이에 작용하는 힘을 전기력이라고 해요. 전하의 종류는 크게 양(+)전하와 음(−)전하 두 가지가 있어요. 같은 종류의 전하를 띤 물체 사이에는 척력이 작용하고, 반대 종류의 전하를 띤 물체 사이에는 인력이 작용해요. 물체가 전하를 많이 가지고 있을수록 전기력은 커지고, 전기를 띤 물체와 멀어질수록 전기력은 작아지게 되는 것이죠.

인력(引力) attraction

引(끌 인) 力(힘 력): 끌어당기는 힘

서로 끌어당기는 힘을 인력이라고 해요. 양(+)전하와 음(−)전하를 띤 물체는 서로 끌어당기고, 자석의 N극과 S극도 서로 끌어당기죠? 이렇게 서로 끌어당기는 힘을 인력이라고 해요. 그럼, 만유인력은 무엇일까요? 질량을 가진 모든 물체는 서로 끌어당기는 힘이 작용하는데, 이 힘을 만유인력이라고 합니다. 그런데 왜 자석의 N극과 N극, S극과 S극은 서로 밀어낼까요? 그것은 만유인력보다 더 큰 척력의 자기력이 작용한 탓에 서로 밀어내는 것이지요. 이성 친구에게 조금 더 가까이 다가가고 싶은 마음이 드는 것은 이상한 것이 아니라 자연 법칙이었네요.

다른 종류의 전하 사이에 작용하는 인력

척력(斥力) repulsion

斥(물리칠 척) 力(힘 력): 물리치는(밀어내는) 힘

서로 밀어내는 힘을 척력이라고 해요. 양(+)전하와 양(+)전하를 띤 물체 사이라던가 음(−)전하와 음(−)전하를 띤 물체 사이에서는 서로 밀어내는 척력이 작용해요. 물론 자석의 N극과 N극, S극과 S극도 서로 밀어내죠? 이렇게 서로 밀어내는 힘을 척력이라고 합니다. 그러고 보니 같은 종류끼리는 서로 밀어내네요.

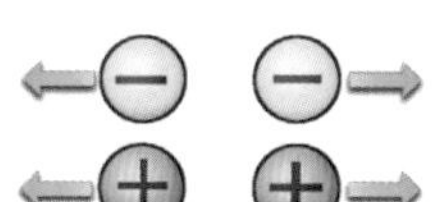
같은 종류의 전하 사이에 작용하는 척력

전기장(電氣場)
electric field

電(전기 전) 氣(기운 기) 場(마당 장): **전기력이 작용하는 마당(공간)**

전기를 띤 물체의 주위 공간, 즉 전기력이 작용하는 마당(공간)을 전기장이라고 해요. 전기장은 전하에 의해 생성되는데 시간에 따라 변하는 자기장에 의해서도 생성돼요. 전기장의 방향은 한 지점에서 양(+)전하가 받는 전기력의 방향이에요. 전기를 띤 물체에서 멀어질수록 전기장이 약해지기 때문에 전기력이 작아진답니다.

자기력(磁氣力)
magnetic force

磁(자석 자) 氣(기운 기) 力(힘 력): **자기를 띤 물체 사이에 작용하는 힘**

자석과 같이 자성을 가진 물체가 서로 밀거나 당기는 힘으로 자력이라고도 해요. 자석이 철을 당기는 힘이나 자석과 자석 사이에 작용하는 힘을 말하지요. 같은 종류의 자기를 띤 물체 사이에는 척력이 작용하고, 반대 종류의 자기를 띤 물체 사이에는 인력이 작용해요. 다른 종류의 극인 N극과 S극 사이에 인력이 작용하고, 같은 종류의 극인 N극과 N극, S극과 S극 사이에는 척력이 작용해요.

자기장(磁氣場)
magnetic field

磁(자석 자) 氣(기운 기) 場(마당 장): **자기력이 작용하는 마당(공간)**

자석의 기운이 있는 공간, 즉 자기력이 작용하는 마당(공간)을 자기장이라고 해요. 자석 주위나 전류가 흐르는 도선 주위의 공간을 얘기하는데, 지구가 중력장을 만들고, 전하 주위에 전기장이 생기는 것처럼 자석 주변에는 자기장이 생겨요. 자석이나 도선에서 멀어질수록 자기장이 약해져서 자기력이 작아지게 돼요.

마찰력(摩擦力) frictional force	摩(문지를 마) 擦(문지를 찰) 力(힘 력): 문지를 때 생기는 힘. 두 물체의 움직임을 방해하는 힘

두 물체가 접촉한 상태에서 움직이거나 움직이려 할 때 움직임을 방해하는 힘을 마찰력이라고 해요. 물체가 무거울수록 물체와 물체의 표면이 거칠수록 마찰력은 커지게 되지요. 만약 마찰력이 없다면 어떻게 될까요? 사람들은 걷지 못하고 제자리걸음만 하게 될 것이고 무엇보다 한번 움직인 물체는 멈추지 않게 될 거예요. 중력이 작용하지 않는 우주 공간을 한번 떠올려 보세요.

탄성력(彈性力) elastic force	彈(튀길 탄) 性(성질 성) 力(힘 력): 다시 처음 상태의 모양으로 돌아오려는 힘

물체에 외부의 힘이 가해져서 변형이 되고, 외부의 힘이 제거되어 다시 처음 상태의 모양으로 돌아오려는 성질을 탄성이라 하고 이 힘을 탄성력이라고 해요. 다른 말로 탄성력을 복원력(復原力)이라고도 해요. 탄성력의 방향은 물체가 변형되는 방향과 반대 방향이며 크기는 물체가 변형된 길이에 비례해요. 고무줄을 생각해 보게 되면 고무줄을 길게 늘였다가 놓으면 멀리 날아가지만, 짧게 늘였다가 놓으면 조금 날아가는 것을 알 수 있지요.

부력(浮力) buoyancy	浮(뜰 부) 力(힘 력): 뜨는 힘. 물체 주위의 유체가 물체에 작용하는 힘의 합력

수영장 속에서 놀다가 밖으로 나오면 몸이 무겁지요? 이는 무거워진 것이 아니고, 물 속에서 부력 때문에 가벼워져 있었기 때문이에요. 물체 주위의 유체(기체와 액체의 총칭)가 물체에 작용하는 힘의 합력을 부력이라고 해요. 물과 같은 유체에 잠긴 물체는 유체로부터 항상 중력과 반대 방향으로 힘을 받는데, 그 이유는 무엇일까요? 물체가 유체 안에 있을 때 아랫면에 작용하는 압력이 윗면에 작용하는 압력보다 커서 부력은 항상 위쪽으로 작용하기 때문이에요. 고등학교에 올라가면 부력의 크기는 (물의 밀도×물에 잠긴 물체의 부피×중력 가속도)로 구하는 것을 배운답니다.

합력(合力)	合(모을 합) 力(힘 력): 힘을 모음. 한 물체에 여러 힘이 작용할 때 그 힘을 합한 것

한 물체에 여러 힘이 작용할 때 그 힘을 합한 것을 합력 또는 알짜힘이라 해요. 두 힘이 서로 같은 방향으로 작용하면 더해주고, 반대 방향으로 작용하면 큰 힘에서 작은 힘을 빼주면 돼요. 만약에 두 힘이 서로 비스듬하게 작용한다면? 평행사변형을 그려서 대각선을 그으면, 그 대각선의 길이와 방향이 합력의 크기와 방향이 돼요.

평형(平衡) equilibrium	平(평평할 평) 衡(고를 형): 합력이 0이 되는 상태

한 물체에 같은 크기의 힘이 같은 작용 선상에서 서로 반대 방향으로 작용하면 합력이 0이 돼요. 이때 물체에는 아무런 힘이 작용하지 않은 것과 같은 효과가 나타나는데 이것을 힘의 평형이라 해요. 즉 정지해 있는 물체를 철수와 영희가 반대 방향으로 같은 크기의 힘으로 밀면, 물체는 어느 쪽으로도 움직이지 않고 정지해 있게 되지요. 물체에 작용하는 힘이 평형 상태일 때 정지해 있는 물체는 계속 정지해 있고, 운동하던 물체는 등속 직선 운동을 하게 되지요.

물체에 작용하는 힘과 운동

- **힘이 평형 상태일 때 :** 정지 또는 등속 직선 운동
- **힘이 작용할 때 :** 속력이나 방향이 변하는 운동

운동 방향과 나란한 힘이 작용할 때	속력만 변함	낙하 운동
운동 방향과 수직인 힘이 작용할 때	방향만 변함	등속 원운동
운동 방향과 비스듬하게 힘이 작용할 때	속력과 방향이 모두 변함	포물선 운동

02 | 여러 가지 운동

운동은 물질과 에너지만큼 물리적 세계를 이해하는 데 필수적이다. 물체의 운동을 변화시키기 위해서는 힘이 필요하고, 운동하고 있는 물체가 계속 등속 직선 운동하기 위해서는 힘이 필요하지 않다. 물체에 작용하는 알짜힘은 속도나 운동 방향, 혹은 둘 다를 변화시킨다. 물체 운동의 변화, 즉 속도의 변화인 가속도는 작용한 힘에 비례하고, 질량에 반비례한다.

운동(運動) motion	運(옮길 운) 動(움직일 동): 움직여 옮김. 시간에 따라 물체의 위치가 변하는 것

과학에서 시간에 따라 물체의 위치가 변하는 것을 말해요. 무거운 물체를 들고 가만히 있거나 철봉에 매달려 정지해 있는 사람은 운동을 했다고 하지 않죠? 물체가 운동한다는 것은 위치가 변한다는 것인데, 운동에는 빠르기가 일정한 운동, 빠르기가 변하는 운동, 방향이 변하는 운동, 빠르기와 방향 모두가 변하는 운동이 있어요. 빠르기와 방향 모두가 변하는 운동에는 무엇이 있냐고요? 대표적으로 단진동과 포물선 운동이 있어요.

속력(速力) speed	速(빠를 속) 力(힘 력): 빠르기. 단위 시간당 물체가 이동한 거리를 걸린 시간으로 나눈 값

속력은 단위 시간당 물체가 이동한 거리를 걸린 시간으로 나눈 값이에요. 속력은 단지 빠르기만을 나타내요. 예를 들어 '자전거를 탄 철수가 도로에서 시속 20km로 달린다.'고 얘기할 때 시속 20km가 속력이에요. 1시간에 20km를 가는 빠르기라는 뜻이지요. 속력이 클수록 빠르다는 것은 알죠?

속력이 변하는 물체의 경우 순간 속력을 구하기 어렵기 때문에 전체 이동거리를 걸린 시간으로 나눈 평균 속력으로 나타내요. 평균 속력은 평균적으로 어느 정도의 속력으로 움직였는지를 나타내게 되지요.

$$\text{속력} = \frac{\text{이동거리}}{\text{걸린 시간}} \quad (\text{단위}: m/s,\ km/h)$$

속도(速度)velocity

速(빠를 속) 度(정도 도): 빠른 정도. 단위 시간당 물체가 이동한 변위를 걸린 시간으로 나눈 값

속도와 속력의 차이점은 속력은 단지 빠르기만을 나타내지만 속도는 빠르기와 방향까지 함께 나타내는 개념이에요. 속도는 단위 시간당 물체가 이동한 변위를 걸린 시간으로 나눈 값이죠. 이동거리는 물체가 실제로 이동한 경로의 길이(이동거리)를 말해요. 변위는 처음 위치에서 나중 위치까지의 위치 변화량이며 크기와 방향을 가지고 있는 반면에 이동거리는 크기만 가지고 있어요. 예를 들어 철수가 앞으로 50m 이동하고 뒤로 30m 이동하면, 변위는 앞으로 20m가 되지만 이동거리는 80m가 되는 것이지요.

등속 직선 운동(等速直線運動)

等(같을 등) 速(빠를 속) 直(곧을 직) 線(선 선) 運(옮길 운) 動(움직일 동): 일정한 빠르기로 직선으로 움직이는 운동

물체의 운동에는 정지, 등속 직선 운동, 등속 원운동, 가속도 운동 등이 있어요. 그밖에도 작용하는 힘에 따라 다양한 운동 상태가 있어요. 에스컬레이터나 컨베이어 벨트와 같이 일정한 빠르기로 방향이 바뀌지 않고 직선으로 움직이는 운동을 등속 직선 운동(등속도 운동)이라 해요. 물체에 작용하는 합력이 0일 때, 운동하던 물체는 이렇게 계속 등속 직선 운동을 하게 되지요.

등속 원운동(等速圓運動)

等(같을 등) 速(빠를 속) 圓(둥글 원) 運(옮길 운) 動(움직일 동): 같은 빠르기로 둥글게 원을 그리는 운동

물체에 외부 힘이 작용하면 모양이 변하거나, 속력이나 운동 방향이 변해요. 이때 물체의 운동 방향에 수직인 힘은 운동 방향을 변화시키고, 평행한 힘은 물체의 속력을 변화시키죠. 평행한 힘의 성분이 없고, 수직인 성분이 일정할 때, 물체는 등속 원운동을 해요.
물체가 원을 그리면서 도는 운동을 원운동이라 하고 일정한 속력으로 원운동을 하는 것을 등속 원운동이라 하는 것이죠. 물체의 속력은 일정하지만 운동 방향은 원의 접선 방향으로 매 순간 변해요. 따라서 등속 원운동은 등속 직선 운동(등속도 운동)이 아니지요. 물체에 작용한 힘(구심력)의 크기는 일정하지만 방향은 원의 중심 방향으로 매 순간 변해요. 따라서 등속 원운동은 등가속도 운동도 아니고, 그냥 가속도 운동이에요.

관성(慣性) inertia	慣(익숙할 관) 性(성질 성): 익숙한 성질. 물체가 자신의 운동 상태를 계속 유지하려는 성질

물체가 자신의 운동 상태를 계속 유지하려는 성질을 관성이라 해요. 원래 상태가 정지해 있던 물체는 계속 정지해 있으려 하고, 운동하던 물체는 계속 같은 속도로 운동하려 하는 것이죠. 관성의 대표적인 예로는 멈춰있던 버스가 갑자기 출발하면 안에 있던 사람들의 몸이 뒤로 쏠리게 되는 현상이에요. 이는 버스 안에 있던 사람들은 계속 멈춰 있으려 하는데, 버스가 앞으로 출발하니까 몸이 뒤로 쏠리게 되는 거지요. 또한 관성의 크기는 물체의 질량에 비례해요. 버스가 커브 길을 돌 때 유난히 몸이 많이 쏠리는 사람을 가만히 살펴보세요. 질량이 큰 사람일수록 몸이 많이 쏠리는 것을 볼 수 있을 거예요.

낙하 운동 (落下運動)	落(떨어질 낙) 下(아래 하) 運(옮길 운) 動(움직일 동): 물체가 중력을 받아 아래로 떨어지는 운동

물체가 중력을 받아 아래로 떨어지는 운동을 낙하 운동이라고 해요. 공기 저항이 클수록 낙하를 하는 물체는 천천히 떨어지게 돼요. 즉 공기와의 접촉 면적이 큰 물체일수록 더 큰 공기 저항을 받아 천천히 떨어지게 되는 것이지요. 하지만 진공관에서는 공기 저항이 없으므로 같은 높이에서 쇠구슬과 깃털을 떨어뜨리면 동시에 바닥에 도달하게 돼요.

포물선 운동 (抛物線運動)	抛(던질 포) 物(물건 물) 線(선 선) 運(옮길 운) 動(움직일 동): 수평에서 던진 물체가 중력에 의해 곡선 경로로 운동하는 것

수평에서 비스듬히 던진 물체가 중력에 의해 곡선 경로로 운동을 하게 되는데, 이 때의 운동을 포물선 운동이라고 해요. 농구 선수가 골대를 향해 던진 공이나 대포에서 발사된 포탄 등이 포물선 운동을 하며 날아가는 거지요. 포물선 운동에서 물체는 수평 방향으로는 아무런 힘이 작용하지 않아 등속 직선 운동을 하고, 연직 방향(지구의 중심 방향과 나란한 방향)으로는 중력에 의해 등가속도 운동을 해요. 포물선 운동은 좀 어려운 내용이라 중학생들이 이해하기엔 좀 힘들죠? 고등학생이 되면 자세하게 배울 거예요.

2 열에너지

열에너지 자체는 온도 개념과 완전히 혼동하여 쓰이는 상당히 어려운 개념이다. 많은 학생들이 어떤 물질은 본성적으로 따뜻하거나(담요) 차갑다(금속)고 생각하고, 물체를 따뜻하게 유지하는 물건(스웨터나 장갑)을 열원으로 생각하기도 한다. 그러나 열에너지는 원자나 분자들의 운동으로 이루어지고, 열은 원자간 충돌로 물질을 통해 전달되거나 복사에 의해 공간을 통해 전달될 수 있다.

만약 물질이 유체이면 대류가 일어난다. 대류는 전도와 복사에 의한 열전달만큼 많은 열을 전달시키지는 못한다. 대류는 전도와 복사로 인해 밀도 차이가 생긴 공기에 중력장이 작용될 때 자발적으로 나타난다. 따라서 무중력 상태인 우주 정거장 내부에서는 대류가 일어나지 않는다.

01 온도와 열

온도(溫度) | **열**(熱) | **열평형**(熱平衡) | **전도**(傳導) | **대류**(對流) | **복사**(輻射) | **단열**(斷熱) | **폐열**(廢熱)

02 비열과 열팽창

열량(熱量) | **비열**(比熱) | **열용량**(熱容量) | **열팽창**(熱膨脹) | **바이메탈**(bimetal)

01 | 온도와 열

따뜻한 것을 차가운 것과 같이 놓으면, 따뜻한 것은 열을 잃고 차가운 것은 열을 얻어서 같은 온도가 된다. 이를 열평형이라고 한다. 물체에 따라 열을 전달하는 능력이 다른데, 열을 잘 전달하지 못하는 물체를 사용하면 열손실을 줄일 수도 있다.

온도(溫度) temperature	溫(따뜻할 온) 度(정도 도): 따뜻한 정도. 물체의 차갑고 따뜻한 정도를 숫자로 나타내는 물리량

물체의 차갑고 따뜻한 정도를 숫자로 나타내는 물리량을 온도라고 해요. 모든 물체는 입자로 이루어져 있고, 이러한 입자들은 끊임없이 운동하고 있는데, 이를 분자 운동이라 해요. 즉 온도는 분자 운동의 활발한 정도를 나타낸 물리량이에요. 분자의 운동이 활발하면 온도가 높고 활발하지 못하면 온도가 낮은 것이지요. 온도를 나타내는 방법에는 여러 가지가 있는데, 우리나라에서는 섭씨 온도(단위: ℃), 미국에서는 화씨 온도(단위: ℉), 과학에서는 절대 온도(단위: K)를 많이 사용해요.

열(熱) heat	熱(열 열): 열. 물체의 온도를 높이거나 낮추는 상태를 변환시키는 에너지

물체의 온도를 높이거나 낮추는 상태를 변환시키는 에너지를 열이라 해요. 다시 말하면 온도가 다른 두 물체 사이에서 이동하는 에너지를 뜻하며, 열은 반드시 높은 온도의 물체에서 낮은 온도의 물체로 이동하게 돼요. 몸에 열이 나면 이마에 찬 수건을 올리는 이유를 이제 알겠죠?

열평형(熱平衡)	熱(열 열) 平(평평할 평) 衡(고를 형): 열이 어느 쪽으로도 흐르지 않는 상태

서로 다른 온도를 가진 물체를 접촉시키거나 가까이 놓았을 때, 온도가 높은 곳에서 낮은 곳으로 열이 이동한다고 하였지요? 이렇게 열이 이동하여 두 물체의 온도가 같아지면 더 이상 열이 이동하지 않고 온도 변화가 일어나지 않는 상태가 되는데, 이를 열평형이라 해요. 이 때 고온의 물체가 잃은 열량과 저온의 물체가 얻은 열량은 같아요. 열이 이동하는 방법에는 전도, 대류, 복사가 있어요.

전도(傳導)conduction

傳(전할 전) 導(인도할 도): 열이 한쪽에서 다른 쪽으로 전해지는 것

물체를 구성하는 입자들 사이의 충돌에 의해서 열이 높은 곳에서 낮은 곳으로 이동하는 현상을 전도라고 해요. 고체인 물질에서 일어나는 열전달 방식이에요. 온도가 높은 물체일수록 분자들의 운동이 활발한데, 활발하게 움직이는 분자들이 더디게 움직이는 분자와 부딪히게 되면 활발하게 움직이던 분자들의 에너지가 더디게 움직이는 분자에게로 이동하게 돼요. 이렇게 전도는 이웃한 분자들의 충돌에 의해 열이 전달되는 방식이에요. 충돌할 수 있는 자유전자가 많은 구리, 알루미늄, 철 등의 금속은 열을 잘 전달시키는 전도체예요.

대류(對流)convection

對(대할 대) 流(흐를 류): 물질의 이동에 의하여 열이 이동되는 현상

대류는 마주 보고 흐른다는 뜻이에요. 공기나 물 같은 유체, 즉 기체, 액체 상태의 물질들이 밀도 차에 의한 순환 운동으로 열이 이동하는 현상을 대류라 해요. 이러한 대류 현상 때문에 뜨거운 공기나 물은 위로 올라가고 차가운 공기나 물은 아래로 내려가게 돼요. 대류는 이와 같이 분자들이 직접 이동하여 열을 전달하는 방식이에요. 대류에 의해 바닷가에서는 낮에는 해풍이 불고, 밤에는 육풍이 불어요. 또한 난로 같은 난방 기구를 낮은 곳에 두고, 에어컨 같은 냉방 기구를 높은 곳에 두는 것은 대류 효과를 최대한으로 이용하기 위해서지요.

복사(輻射)radiation

輻(바퀴살 복) 射(쏠 사): 열이 바퀴살 모양으로 중심에서 사방으로 퍼져나가는 것

복사는 분자 운동에 의해 열이 전달되는 것이 아니기 때문에 전도나 대류와는 조금 달라요. 열을 가지고 있는 물체에서 다른 물질의 도움 없이 열이 직접 퍼져나가는 것이지요. 태양과 지구 사이에는 열을 전도할 수 있는 전도체도 없고 공기나 물 같은 유체도 없어 전도나 대류가 일어날 수 없어요. 그런데 어떻게 태양열이 지구까지 전달될까요? 복사라고요? 정답입니다. 매질을 통하지 않고 전자기파 형태로 열이 직접 이동하는 것을 복사라 해요. 전자기파는 매질이 없는 진공에서도 이동 가능하므로 태양열이 지구까지 전달될 수 있는 거예요.

열의 이동 방법

구분	전도	대류	복사
특징	• 분자들이 직접 이동하지 않고 이웃한 분자들의 충돌에 의해 열이 전달되는 방법 • 고체인 물질에서 일어남.	• 분자들이 직접 이동하여 열이 전달되는 방법 • 액체와 기체인 물질에서 일어남.	• 다른 물질의 도움 없이 열이 직접 전달되는 방법 • 진공에서도 열이 전달됨.
예	• 쇠막대의 한쪽 끝을 가열하면 다른 쪽 끝도 뜨거워짐. • 국자를 뜨거운 국에 담그면 국자 윗부분도 뜨거워짐.	• 물이 담긴 주전자의 아래를 가열하면 물 전체가 뜨거워짐. • 에어컨은 위쪽에 설치하고, 난로는 아래쪽에 설치함.	• 햇볕이 드는 양달이 응달보다 따뜻함. • 추운 곳에서 뜨거운 난로를 향한 쪽만 따뜻함.

단열(斷熱)

斷(끊을 단) 熱(열 열): 열의 이동을 끊는 것

열의 이동을 끊는 것을 단열이라 해요. 열의 출입을 방해하는 물질을 단열재라 하는데, 물질의 종류에 따라서 단열되는 정도가 달라요. 건물을 지을 때는 열의 이동을 막기 위해 단열재를 사용해요. 단열재를 사용하면 여름에 바깥의 더운 열이 집 안으로 들어오는 것을 막아 냉방을 조금만 해도 되고, 겨울에는 집 안의 따뜻한 열이 바깥으로 빠져 나가는 것을 막아 난방을 조금만 해도 온도를 유지할 수 있어 에너지 절약에 도움이 되지요.

폐열(廢熱)

廢(버릴 폐) 熱(열 열): 버려지는 열

사람들이 살아가는 곳에서는 열에너지가 많이 발행하게 되지요. 예를 들어, 쓰레기를 소각할 때 발생하는 열, 지하철 운행에 의해 발생하는 열, 생활 하수를 통해 빠져나가는 열 등이 그것이에요. 이러한 폐열은 효율적으로 이용하지 못하고 있는 열에너지라고 볼 수 있어요. 그래서 최근에는 이렇게 발생하는 폐열을 냉난방이나 급탕 등의 열원으로 이용하려고 해요.

02 | 비열과 열팽창

같은 질량의 쇠와 물을 가열할 때, 똑같이 가열하더라도 쇠처럼 빨리 뜨거워지는 것이 있고, 물처럼 천천히 뜨거워지는 것이 있다. 물체에 가한 열량과 물체의 온도 사이에는 어떤 관계가 있는 것일까?

열량(熱量)calorie	熱(열 열) 量(분량 량): 열을 양적으로 표시한 것

열을 양적으로 표시한 것을 열량이라고 해요. 열은 온도가 다른 두 물체가 접촉할 때 온도가 높은 곳에서 낮은 곳으로 이동하며, 화학 반응 시에도 흡수되거나 방출되지요. 물체에 가한 열량이 많을수록 물체의 온도가 많이 올라가며, 질량이 서로 다른 두 물체에 같은 열량을 가하더라도 질량이 큰 물체가 온도 변화가 작아요. 열량의 단위로는 cal(칼로리)나 J(줄)를 사용해요. 1cal는 4.2J에 해당되지요. 1cal는 물 1g의 온도를 1℃만큼 올리는데 필요한 열의 양이에요. 우리가 먹는 음식물의 겉포장에 적혀있는 칼로리라는 말이 바로 그 음식을 섭취했을 때 얻을 수 있는 열량을 뜻하는 거예요.

비열(比熱)specific heat	比(비율 비) 熱(더울 열): 뜨거워지는 비율. 어떤 물체 1kg의 온도를 1℃ 올리는 데 필요한 열량

어떤 물체 1kg의 온도를 1℃ 올리는 데 필요한 열량을 비열이라고 해요. 물체의 열용량을 질량으로 나눈 것, 즉 단위 질량당 열용량을 비열이라고 하는 것이지요. 비열은 물질의 종류에 따라 고유한 값을 가지므로 물질의 특성이 될 수 있어요. 질량이 같은 두 물체에서는 비열이 작은 물체가 온도가 올라가기도 쉽고 냉각되기도 쉬워요. 대체로 액체의 비열은 크고, 고체의 비열은 작아요. 예를 들어 보면 모래는 물보다 비열이 작아요. 여름 한낮에 해변에서 모래사장을 걸어 본 적이 있죠? 발바닥이 뜨거워서 얼른 뛰어가서 물에 첨벙하고 들어가진 않았나요?

물질	물	알코올	얼음	알루미늄	철	구리	금
비열(kcal/kg · ℃)	1	0.570	0.487	0.211	0.107	0.092	0.031

열용량(熱容量) heat capacity	熱(열 열) 容(담을 용) 量(분량 량): 어떤 물체의 온도를 1℃ 올리는 데 필요한 열량

어떤 물체의 온도를 1℃ 올리는 데 필요한 열량을 열용량이라 해요. 열용량은 비열에 질량을 곱한 값으로, 물체의 질량에 따라 달라지므로 물질의 특성이 될 수 없어요. 하지만 비열은 물질의 종류에 따라 고유한 값을 가지므로 물질의 특성이 될 수 있어요.

열팽창(熱膨脹) thermal expansion	熱(열 열) 膨(부풀 팽) 脹(늘어날 창): 열을 받아서 분자가 운동하는 공간이 넓어지는 것

물체가 열을 받아 팽창하는 것을 열팽창이라 해요. 열을 받으면 분자가 활동하는 범위가 넓어지고 그 결과 길이나 부피가 커지는데, 이것을 열팽창이라고 하지요. 고체는 열을 받으면 온도가 올라가 팽창하고, 열을 잃으면 온도가 내려가 수축돼요. 그래서 철탑의 높이는 여름철에 더 높아진다고 해요. 다리나 도로에 철로 된 이음새를 만들어 계절에 따른 온도차에 의해 다리가 휘어지거나 끊어지는 것을 방지하기도 해요.

바이메탈 bimetal	두 개의 금속. 열팽창 정도가 다른 두 종류의 얇은 금속판을 붙여서 만든 것

열팽창 정도가 다른 두 종류의 얇은 금속판을 붙여서 만든 것을 바이메탈이라 해요. 온도가 증가하면 열팽창 계수가 작은(잘 팽창하지 않는) 금속판 쪽으로 휘어지고, 온도가 감소하면 열팽창 계수가 큰(잘 수축하는) 금속판 쪽으로 휘어지게 돼요.

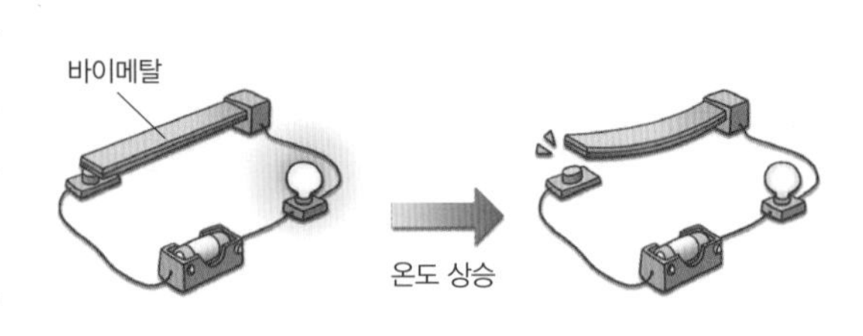

온도에 따라 팽창하고 수축하는 성질 정도를 열팽창 계수로 나타내고, 열팽창 계수가 클수록 쉽게 팽창하고 수축한다는 뜻이에요. 열 바이메탈의 원리를 이용한 전기제품의 예로는 전기주전자, 전기다리미 등이 있어요.

3 일과 에너지

에너지는 다양한 형태로 정확하게 정의되고 측정될 수 있지만, 쉽지 않은 개념이다. 가장 단순한 수준에서 학생들은 물체를 움직이게 하거나, 뛰게 하거나, 일어나게 하는 데 필요한 어떤 것이 에너지라고 생각한다.

에너지라는 개념을 이해하기 전에 실생활에서 이 용어를 많이 사용하게 되는데, 이는 에너지의 정확한 개념 지식보다 에너지 전환(모든 물리적 사건은 에너지를 전달하는 것이다. 한 형태의 에너지가 다른 형태의 에너지로 바뀌는 것이다.)과 에너지 보존(에너지가 한 곳에서 감소하는 양만큼 다른 곳에서 정확히 같은 양이 증가한다.)에 대한 이해가 더 중요하고 유익할 수 있기 때문이다. 과학에서 일은 '힘×거리'로 정의되며, 일을 할 수 있는 능력이 에너지인 것이다.

01 일

일(work) | **일률**(-率) | **일의 원리**(principle of work) | **지레**(lever) | **빗면**(-面) | **도르래**(pulley)

02 에너지

에너지(energy) | **운동**(運動) **에너지** | **위치**(位置) **에너지** | **역학적**(力學的) **에너지** | **에너지 보존**(保存)

01 | 일

책상 앞에 앉아서 업무를 볼 때, 물체를 가만히 들고 있을 때, 움직이지 않는 벽을 밀 때 우리는 일상적으로 '일을 한다'라고 표현한다. 그러나 과학에서는 이와 같은 경우엔 일을 하지 않았다고 말한다. 즉 과학에서는 물체에 힘을 작용하여 물체가 힘의 방향으로 이동하였을 때 물체에 작용한 힘이 일을 하였다고 한다.

일 work	물체에 작용한 힘과 물체가 힘의 방향으로 이동한 거리를 곱한 값

물체에 작용한 힘과 물체가 힘의 방향으로 이동한 거리를 곱한 값을 한 일이라 해요. 과학적으로 일을 했다고 말하려면 물체에 반드시 힘이 작용해야 하며 물체가 힘이 작용한 방향으로 움직여야 해요. 만약 물체에 힘이 작용하더라도 이동거리가 0이거나 힘의 방향과 물체의 이동 방향이 서로 수직인 등속 원운동 같은 경우는 과학적으로 일을 했다고 하지 않지요. 일의 단위로 J(줄)를 사용하는데, 1J은 1N의 힘으로 물체를 1m 이동시켰을 때 한 일의 양이에요.

일률(-率) work power	일 率(비율 률): 일의 능률. 한 일의 양을 걸린 시간으로 나눈 값

사람이나 기계가 하는 일의 양을 비교할 때에는 일정한 시간 동안에 한 일의 양을 비교해 보면 쉽게 알 수 있어요. 한 일의 양을 걸린 시간으로 나눈 값을 일률이라 하는데, 일률이 크다는 것은 좀 더 효율적으로 일을 했다는 뜻이지요. 일률의 단위로 W(와트)를 사용하는데, 1W는 1초 동안 1J의 일을 할 때의 일률을 말해요.

일의 원리 principle of work	도구를 사용하면 힘의 이득은 있지만 일의 양에서는 이득이 없는 것

지레, 도르래, 빗면 같은 도구를 사용하면 힘의 이득은 있지만 일의 양에서는 이득이 없는데 이를 일의 원리라고 해요. 도구를 사용하게 되면 작은 힘으로도 물체를 들어 올릴 수 있어 힘에는 이득이 있지만 물체를 들어 올리는 거리가 더 증가해서 일의 양에는 이득이 없지요. 그럼에도 도구를 사용하는 이유는 시간이 걸리더라도 힘을 덜 들여서 일을 할 수 있기 때문이에요.

지레 lever	막대의 한 점을 받치고 받침점을 중심으로 물체를 움직이는 장치

막대의 한 점을 받치고 받침점을 중심으로 물체를 움직이는 장치를 지레라고 해요. 막대를 받치는 곳을 받침점, 힘을 작용하는 곳을 힘점, 물체에 힘이 작용하는 곳을 작용점이라 말해요. 지레를 이용하면 작은 힘으로도 물체를 들어 올릴 수 있지만, 그만큼 이동해야 하는 거리가 커져서 일의 양에서는 이득이 없어요.

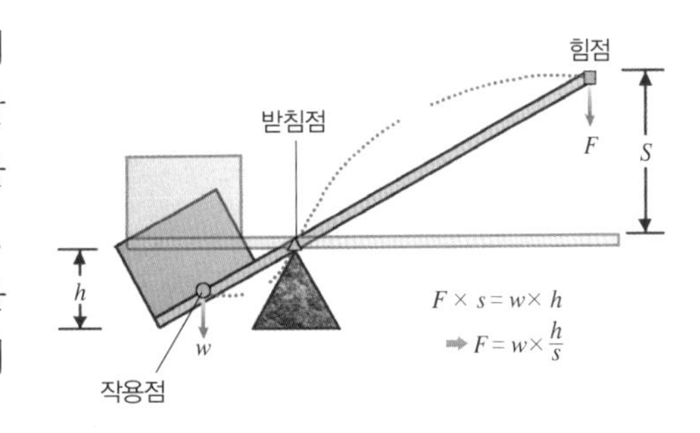

빗면(面) slide	빗 面(면 면): 비스듬히 기울어진 면. 수평면에 대해 일정한 각도로 기울어진 면

수평면에 대해 일정한 각도로 기울어진 면을 빗면(경사면)이라 해요. 빗면을 이용하면 물체의 무게보다 작은 힘으로 물체를 옮길 수 있지만, 그만큼 이동해야 하는 거리가 커져 일의 양에는 이득이 없어요. 우리 주변에 흔히 볼 수 있는 나사못, 계단, 사다리 등이 빗면의 성질을 이용한 물체지요.

도르래 pulley	바퀴에 홈을 파서 줄을 걸어 물건을 이동시키는 장치

바퀴에 홈을 파서 줄을 걸어 물건을 이동시키는 장치를 도르래라 하며 고정되어 움직이지 않는 고정 도르래와 줄을 따라 움직이는 움직 도르래가 있어요. 고정 도르래는 물체 하나에 줄 하나가 걸리기 때문에 물체의 무게와 같은 크기의 힘으로 줄을 당겨야 하므로 힘과 일에서는 이득이 없지만 힘이 작용하는 방향을 마음대로 바꿀 수 있고, 움직 도르래는 물체 하나에 줄 2개가 걸려 물체 무게의 $\frac{1}{2}$의 힘으로 물체를 들어 올릴 수 있어 힘에는 이득이 있지만 들어 올리는 높이를 2배 더 길게 당겨야 해요. 즉 힘에는 이득이 있지만 일의 양에는 이득이 없어요.

02 | 에너지

야구공처럼 움직이는 물체나 높은 곳에서 낙하하는 물체는 다른 물체에 힘을 가하여 일을 할 수 있다. 이와 같이 물체가 일을 할 수 있는 능력이 있을 때 에너지를 가지고 있다고 한다. 야구공과 같이 움직이는 물체는 운동 에너지를 가지고 있다고 하고, 물레방아를 돌리는 물과 같이 높은 곳에 있는 물체는 위치 에너지를 가지고 있다고 한다. 에너지는 이외에도 전기 에너지, 열에너지, 빛에너지, 화학 에너지 등 여러 종류가 있다.

풍력 발전

태양광 발전

에너지 energy	물체 내부에 간직된 일. 물체가 일을 할 수 있는 능력

에너지(energy)는 그리스어의 '내부(en)'와 '일(ergon)'의 합성어예요. 즉 물체 내부에 간직된 일이라는 뜻이에요. 이렇게 물체가 일을 할 수 있는 능력을 에너지라 해요. 운동, 위치, 열, 전기 등 많은 에너지가 있어요. 물체가 한 일의 양은 물체의 에너지 변화량과 같아 에너지의 단위도 일의 단위와 마찬가지로 J(줄)를 사용해요.

운동(運動) 에너지 kinetic energy	運(옮길 운) 動(움직일 동) 에너지: 운동하는 물체가 가지는 에너지

운동하는 물체가 가진 에너지를 운동 에너지라고 해요. 즉 운동 에너지는 운동하는 물체가 일을 할 수 있는 능력의 정도를 나타내는 물리량이라고 할 수 있지요. 운동 에너지는 물체의 질량에 비례하고 속력의 제곱에 비례해요. 물체에 작용한 알짜힘이 한 일은 운동 에너지 변화량과 같아요. 단위는 J(줄)를 사용해요.

위치(位置) 에너지 potential energy

位(자리 위) 置(둘 치) 에너지: 위치에 따라 물체가 가지는 에너지

중력장에서 높은 곳에 있는 물체가 가지고 있는 에너지를 위치 에너지라고 해요. 물체의 질량이 클수록, 기준점에서 높이가 높을수록 에너지의 크기는 커지게 돼요. 기준점이 달라지면 위치 에너지도 달라지며 기준점보다 낮은 위치에서는 위치 에너지가 음(−)의 값을 가져요. 단위는 J(줄)를 사용해요. 중력 이외에도 물체를 끌거나 미는 힘이 있을 경우 물체는 위치 에너지를 가질 수 있어요. 물체를 끌거나 미는 힘은 스프링, 활, 고무줄 등과 같이 탄성력을 가지고 있는 물체에서 나타나요. 탄성을 가지고 있는 물체가 변형되면 다시 본래의 상태로 되돌아가려는 탄성력에 의한 에너지를 가지게 되는데, 이를 탄성력에 의한 위치 에너지라 해요.

역학적(力學的) 에너지 mechanical energy

力(힘 력) 學(배울 학) 的(과녁 적) 에너지: 기계적 에너지. 물체의 운동 에너지와 위치 에너지의 합

물체의 운동 에너지와 위치 에너지의 합을 역학적 에너지라 해요. 물체가 가지고 있는 위치 에너지나 운동 에너지는 서로 전환될 수 있어요. 공기의 저항이나 마찰이 없다면 항상 운동 에너지와 위치 에너지의 합이 일정하게 보존되는데, 이를 역학적 에너지 보존 법칙이라 해요. 예를 들어 바닥을 기준으로 1m인 곳에서 공을 잡고 있다가 놓으면 그 순간에는 위치 에너지만 존재하고, 0.5m인 곳에서는 위치 에너지와 운동 에너지가 같고, 바닥에 떨어지기 직전의 운동 에너지는 1m인 곳에서의 위치 에너지와 같아요.

에너지 보존(保存)

에너지 保(지킬 보) 存(있을 존): 에너지는 여러 형태로 전환되지만 전체 에너지의 총합은 일정하게 보존되는 것

에너지는 여러 형태로 전환되지만 전체 에너지의 총합은 일정하게 보존되는 것을 에너지 보존이라 해요. 예를 들면 자동차는 연료를 공급받아서 이동하는데, 연료의 화학 에너지는 여러 가지 형태로 전환되지만 그 에너지의 총량은 처음 연료의 화학 에너지와 같아요. 또한 장작을 태우면 나무가 가지고 있던 에너지는 탈 때 빛에너지와 열에너지로 전환될 뿐 없어지지는 않아요. 즉 물질이 연소될 때에도 에너지는 보존되는 것이지요.

4 전기와 자기

전기가 없는 세상을 상상해본 적이 있는가? 현대인은 일상생활에서 컴퓨터, 냉장고, 텔레비전, 휴대폰, 전등 등 수많은 전자기기를 이용하며 살고 있다. 공장에서 제품을 생산하기 위해서도 전기로 작동되는 기계가 필요하다. 이와 같이 전기와 자기 현상을 이용하는 전자기기는 우리 생활에서 매우 중요한 위치를 차지하고 있다.

전기의 존재는 마찰 전기 현상을 통해 고대 그리스 시대부터 알고 있었으며, 자기 현상도 천연 자석을 통해 알려져 있었다. 전기와 자기 현상은 오랫동안 별개의 현상으로 인식되어 왔으나 19세기 초에 외르스테드에 의해 서로 관계가 있음이 발견되었다.

01 정전기

정전기(靜電氣) | **대전**(帶電) | **원자**(原子) | **원자핵**(原子核) | **전자**(電子) | **도체**(導體) | **부도체**(不導體) | **정전기 유도**(靜電氣誘導)

02 전류와 전압

전류(電流) | **전하**(電荷) | **전압**(電壓) | **전지의 직렬 연결**(直列連結) | **전지의 병렬 연결**(竝列連結)

03 저항과 전기 에너지

전기 저항(電氣抵抗) | **옴의 법칙**(法則) | **전기**(電氣) **에너지** | **전력**(電力) | **방전**(放電) | **접지**(接地) | **감전**(感電) | **누전**(漏電) | **합선**(合線)

04 자기장

지구 자기장(地球磁氣場) | **자기력선**(磁氣力線) | **앙페르 법칙**(法則) | **전자석**(電磁石)

05 전자기 유도

전자기 유도(電磁氣誘導) | **발전기**(發電機)

01 | 정전기

인간의 미지에 대한 탐구심은 대단하다. 프랭클린은 번개의 전기를 조사하기 위하여 목숨을 건 모험을 하였고, 패러데이는 모든 욕심을 버리고 평생을 오직 연구에만 전념하였다. 우리의 생활은 전등, 텔레비전, 냉장고, 세탁기, 전기밥솥 등의 가전제품, 대도시의 교통수단인 전철, 오늘날 정보화 사회의 근간을 이루고 있는 전산망에 이르기까지 전기와 떼어놓을 수 없는 밀접한 관계를 가지고 있다.

정전기(靜電氣) static electricity	靜(고요할 정) 電(전기 전) 氣(기운 기): 잘 흐르지 않고 정지해 있는 전기

도선에 흐르는 전기와 달리 잘 흐르지 않고 정지해 있는 전기를 정전기라 해요. 마찰에 의해 만들어진다고 해서 마찰 전기라고 부르기도 하지요. 겨울철에 니트나 스웨터를 벗을 때 불꽃이 생기거나, 금속으로 된 손잡이를 잡았을 때 따가움을 느껴본 적이 있지요? 바로 정전기 때문이에요. 정전기를 이용한 기계 중 대표적인 예로 복사기가 있어요.

대전(帶電)	帶(띠 대) 電(전기 전): 물체가 전기를 띠게 되는 현상

보통 물질들은 전기적으로 중성을 띠는데, 외부 힘에 의해 전하량의 평형이 깨지면 물체는 (−)전기 혹은 (+)전기를 띠게 돼요. 이렇게 물체가 전기를 띠게 되는 현상을 대전이라 하고 대전된 물체를 대전체라 해요. 두 물체를 마찰시켜 평형을 깨트리면 한쪽은 양(+)전하로 대전되고 다른 쪽은 음(−)전하로 대전돼요. (+)털가죽−상아−유리−명주−나무−솜−고무−셀룰로이드−에보나이트 막대(−), 이것을 대전서열이라 하는데 털가죽 쪽으로 갈수록 (+)로 대전되려는 성질이 강하고, 에보나이트 막대 쪽으로 갈수록 (−)로 대전되려는 성질이 강해요. 예를 들어 유리 막대와 에보나이트 막대를 마찰시키면 유리는 (+)로 대전되고 에보나이트 막대는 (−)로 대전돼요.

원자(原子) atom

原(근원 원) 子(접미사 자): 모든 물질을 구성하는 근원이 되는 알갱이

모든 물질을 구성하는 기본이 되는 알갱이를 원자라고 해요. 물질은 수많은 원자들로 이루어져 있고 원자는 원자핵과 전자로 이루어져 있어요. 분자와 원자가 무슨 차이가 있냐고요? 분자는 물질의 성질을 지니는 가장 작은 입자이고, 원자는 그냥 물질의 성질 유무와 상관없는 가장 작은 입자라고 말할 수 있어요. 여기서 子(자)는 아주 작은 것을 나타내는 접미어예요.

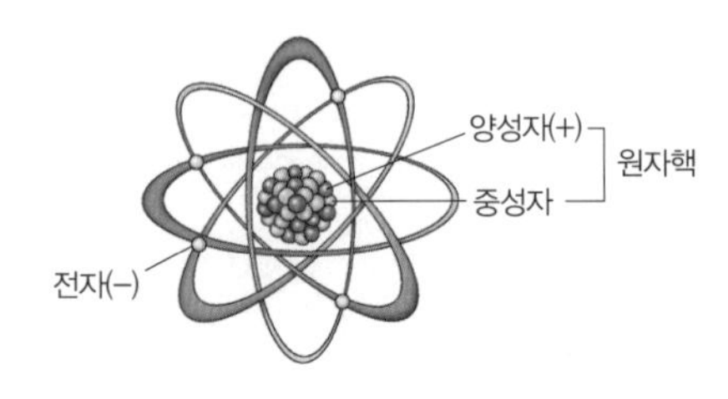

원자의 구조

원자핵(原子核) atomic nucleus

原(근원 원) 子(접미사 자) 核(핵심 핵): 원자의 중심핵. 원자 내부 중심의 좁은 공간에 밀집된 양(+)전하를 띤 물질

원자핵은 원자 내부 중심의 좁은 공간에 밀집된 양(+)전하를 띤 물질로, (+)전기로 대전된 양성자와 전기를 띠지 않는 중성자로 이루어져 있어요. 이 원자핵의 주위를 (–)전하를 띤 몇 개의 전자가 빙글빙글 돌고 있는 것이에요. 원자핵의 질량은 전자에 비해 매우 커서 원자 질량의 대부분을 차지해요. 러더퍼드라는 과학자가 알파 입자 산란 실험을 통하여 원자핵의 존재를 발견하였는데, 러더퍼드는 계산을 통해 원자핵이 원자에 비해 지름이 1만분의 1 정도로 매우 작다는 것을 알아내었어요.

전자(電子) electron

電(전기 전) 子(접미사 자): 원자핵 주변을 돌며 (–)전기를 띤 입자

전자는 원자핵 주변을 돌며 음전하를 띠고 있고, 질량이 매우 작아요. 두 물체를 마찰시켰을 때 전자를 잃은 물체는 양(+)전하로 대전되고, 전자를 얻은 물체는 음(–)전하로 대전돼요. 그 이유는 전자를 내버리려는 힘에 차이가 있기 때문이에요. 참고로 전자는 영국의 물리학자 톰슨이 발견했는데, 음극선이 음전기를 띤 입자 즉, 전자의 흐름이라는 사실을 밝혀냈어요.

물질 ➡ 원자
- 전자
- 원자핵
  - 중성자
  - 양성자

도체(導體) conductor

導(인도할 도) 體(물체 체): 이끄는 물체. 열이나 전기에 대한 저항이 매우 작아서 열이나 전기를 잘 전달하는 물질

열이나 전기에 대한 저항이 매우 작아서 열이나 전기를 잘 전달하는 물질을 도체 혹은 전도체라 해요. 도체는 전기가 잘 통하는 물질인 전기의 도체와 열을 잘 전달하는 열의 도체로 구분할 수 있어요. 금속에서는 자유전자에 의해 전기가 전달되는데, 일반적으로 금속의 온도가 높을수록 전기가 잘 전달되지 않아요. 또한 전기가 잘 전달되는 금속일수록 열도 잘 전달돼요. 도체의 예로는 구리, 철, 은 등이 있어요.

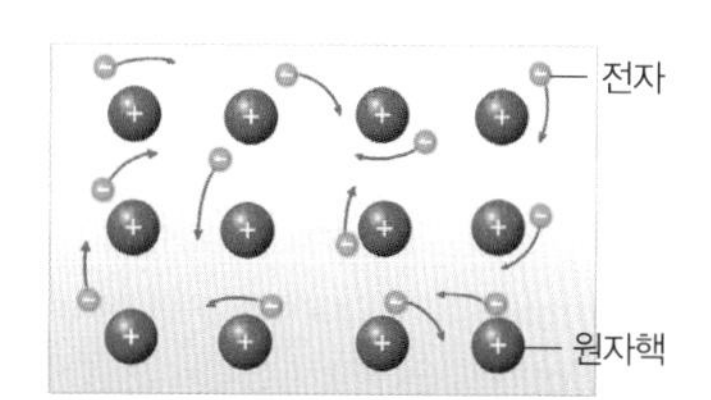

도체를 이루는 전자와 원자핵

부도체(不導體) nonconductor

不(아닐 부) 導(인도할 도) 體(물체 체): 이끌지 않는 물체. 전기나 열이 잘 전달되지 않는 물질

도체와 반대로 전기나 열이 잘 전달되지 않는 물질을 부도체 혹은 절연체라 해요. 전기가 전혀 통하지 않거나 열이 아예 전달되지 않는 물질은 없으므로 도체와 부도체는 전달이 가능하거나 불가능한 것이 아니라 상대적인 전달 정도로 구분하게 돼요. 부도체의 예로는 고무, 나무, 종이, 플라스틱 등이 있어요.

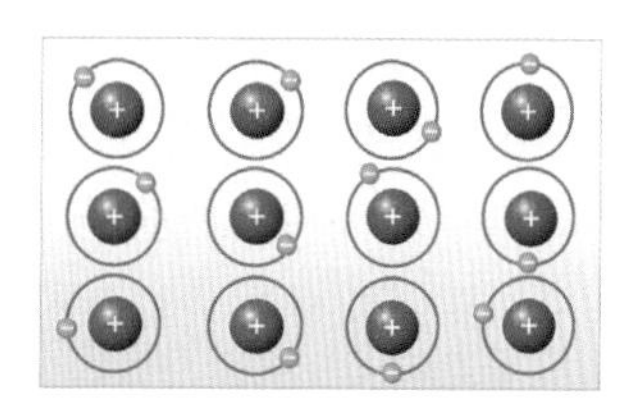
부도체를 이루는 전자와 원자핵

정전기 유도(靜電氣誘導)

靜(고요할 정) 電(전기 전) 氣(기운 기) 誘(꾈 유) 導(인도할 도): 도체에 대전체를 가까이 가져갈 때, 전기장의 영향으로 물체의 표면에 전하가 유도되는 현상

도체에서는 전기적으로 중성인 도체에 대전체를 가까이하면 대전체와 가까운 쪽에는 대전체와 반대 종류의 전하가, 먼 쪽에는 대전체와 같은 종류의 전하가 유도돼요. 정전기 유도를 이용한 대표적인 실험으로는 금속박 검전기 실험이 있어요. 반면에 부도체에서는 자유전자가 없기 때문에 도체와 같은 전자의 이동에 의한 정전기 유도 현상은 일어나지 않고, 원자 내부에서 전기력에 의하여 유전 분극되는 현상이 일어나게 되지요.

02 | 전류와 전압

라디오의 스위치를 켜면 뉴스와 음악을 들을 수 있고, 전등의 스위치를 켜면 전구에 불이 들어온다. 이것은 라디오의 회로나 전구의 필라멘트에 전류가 흐르기 때문이다. 즉 도체의 양단에 전압을 걸어 주면 도체 내의 자유 전자들이 힘을 받아 이동하여 전류가 흐르게 되는 것이다.

전류(電流) electric current	電(전기 전) 流(흐를 류): **전하의 흐름**

전하를 가진 입자, 즉 전하의 흐름을 전류라고 해요. 대전체 사이에는 전하가 이동하는데 실제로는 (−)극에서 (+)극으로 전자가 이동하는 것이지만, 전류의 방향은 오래 전부터 (+)극에서 (−)극으로 흐르는 것으로 약속을 했어요. 그리고 전류의 세기는 단위 시간당 전하량이고, 단위는 암페어(A)에요. 전류의 종류에는 그 크기 및 방향이 변화지 않는 직류와 크기와 방향이 주기적으로 변하는 교류가 있어요.

그리고 도선에 전류가 흐르면 자유전자가 도선 내의 원자 또는 전자와 충돌하여 열이 발생해요. 백열전구나 전기밥솥, 전기다리미와 같은 전열기구 등에서 알 수 있어요. 또 도선에 전류가 흐르면 도선 주위에 자기장이 형성돼요. 이 원리를 이용해 전자석, 전류계, 전동기나 자기부상 고속철도처럼 전기 에너지를 역학적 에너지로 바꿀 수 있어요.

전하(電荷)	電(전기 전) 荷(짊어질 하): **모든 전기 현상의 근원**

모든 전기 현상의 근원으로 양(+)전하와 음(−)전하가 있어요. 이 전하가 이동하는 것이 전류예요. 물체가 대전되어 전기적 성질을 띠거나 전류가 흘러 전구에 빛이 나는 현상은 전하라는 실체로 설명할 수 있어요. 정전기나 전류뿐만 아니라 모든 전기현상은 전하에 의해 일어나는 것이에요. 전기와 같은 개념으로 사용되기도 하고요. 같은 종류의 전하들은 서로 밀어내는 척력의 힘이 작용하고, 다른 종류의 전하들은 서로 잡아당기는 인력의 힘이 작용해요. 한 지점을 지나가는 전하의 총량을 전하량이라 하며 단위는 C(쿨롬)를 사용해요. 도선에 연결된 꼬마전구에 불을 켜더라도 전선에 흐르는 전하의 양은 사라지거나 더 많아지지 않고 일정하게 보존되는데, 이를 전하량 보존 법칙이라고 해요.

전압(電壓)voltage

電(전기 전) 壓(누를 압): 전류를 흐르게 하는 압력

도선에 전류를 흐르게 하는 능력을 전압이라 하며 전위차라고도 해요. 전압의 단위는 V(볼트)예요. 전지에는 1.5V, 9V와 같이 숫자가 적혀 있는데 숫자가 클수록 전압이 높아 전자에게 줄 수 있는 에너지가 크다는 것을 의미하지요. 다들 비오는 날 번개를 본 적이 있죠? 그리스 신화에 나오는 최고의 신 제우스가 사용하는 무기이기도 한데, 번개는 그 전압이 10억V 정도 된다고 해요. 번개는 덥고 습기가 많은 날에 잘 발생해요. 우간다라는 나라의 캄팔라에는 매년 평균 290일 정도 번개가 발생한다고 해요. 번개가 인명이나 산림에 피해를 주기도 하지만 식물들에게 질소를 땅으로 돌려줌으로써 자연을 돕기도 해요.

전지의 직렬 연결(直列連結)
series connection

전지의 直(곧을 직) 列(늘어설 렬) 連(이을 열) 結(맺을 결): 곧게 늘어서도록 연결. 전지 여러 개를 서로 다른 극끼리 한 줄로 연결하는 방식

전지의 직렬 연결은 한 전지의 (−)극에 다른 전지의 (+)극이 오도록 하는 방법이에요. 전지 여러 개를 서로 다른 극끼리 한 줄로 연결하는 방법으로 전지 하나를 빼면 전구의 불이 꺼지게 돼요. 전체 전압은 각 전지의 전압의 합과 같아요. 병렬 연결할 때보다 전구의 밝기가 더 밝지만 오래 사용할 수 없어요.

전지의 병렬 연결(竝列連結)
parallel connection

전지의 竝(나란히 병) 列(늘어설 렬) 連(이을 열) 結(맺을 결): 나란히 늘어서도록 연결. 전지 여러 개를 서로 같은 극끼리 여러 줄로 연결하는 방식

전지의 병렬 연결은 (−)극은 (−)극끼리, (+)극은 (+)극끼리 연결하는 방법이에요. 전지 여러 개를 서로 같은 극끼리 여러 줄로 연결하는 방법으로 전지 하나를 빼도 불이 꺼지지 않아요. 전체 전압은 전지 한 개의 전압과 같아요. 직렬 연결할 때보다 오래 사용할 수 있으나 전구의 밝기는 어두워요.

03 | 저항과 전기 에너지

관을 통해 같은 압력으로 물을 보내는 경우에 관이 굵을수록 같은 시간에 더 많은 양의 물을 보낼 수 있다. 또한 관의 길이가 짧을수록 같은 시간에 더 많은 양의 물을 보낼 수 있다. 이와 같이 단위 시간에 흐를 수 있는 물의 양은 수압이 일정한 경우 수도관의 굵기와 길이에 의해 결정된다. 그렇다면 일정한 전압을 도선에 걸어주었을 때 도선에 흐르는 전류는 도선의 무엇에 따라 달라질까?

전기 저항(電氣抵抗) electric resistance	電(전기 전) 氣(기운 기) 抵(막을 저) 抗(대항할 항): 전류의 흐름을 방해하는 정도

전류의 흐름을 방해하는 정도를 전기 저항이라 해요. 구리 같은 금속은 전기 저항이 작아서 전류가 흐르기 쉽고, 고무나 나무와 같은 물질은 전기 저항이 커서 전류가 잘 흐르지 않아요. 도선의 길이가 길수록, 단면적이 좁을수록 전기 저항은 커져요. 이와 같이 전기 저항은 물질의 종류에 따라 다르고, 같은 물질이라도 도선의 굵기와 길이에 따라 달라요.

옴의 법칙(法則) Ohm's law	옴의 法(법 법) 則(법칙 칙): 옴이 만든 법칙

독일의 과학자 옴이 발견한 법칙으로 도선에 흐르는 전류의 세기는 걸어 준 전압에 비례하고 전기 저항에 반비례한다는 거예요. 관계식은 $V=IR$ (V: 전압, I: 전류, R: 저항)과 같이 나타낼 수 있어요. 저항의 단위로 옴(Ω)을 사용하는데, 1 Ω은 도선의 양 끝에 1 V의 전압을 걸어 줄 때 1 A의 전류가 흐르는 전기 저항을 말해요.

전기(電氣) 에너지 electric energy	電(전기 전) 氣(기운 기) 에너지 : 전류가 흐르는 동안 공급되는 에너지

전류가 흐르는 동안 공급되는 에너지를 전기 에너지라고 해요. 전달하기 쉽고 다른 형태로 전환하기도 쉬워서 생활에 다양하게 이용되지요. 전기 에너지를 운동 에너지로 바꾸는 기계 장치를 전동기라고 해요. 영어로는 모터라고 하며, 세탁기나 선풍기 등 전기 에너지를 이용하여 운동 에너지를 얻는 기계에 이 전동기를 사용해요.

전력(電力) electric power	電(전기 전) 力(힘 력): 단위 시간당 소비한 전기 에너지의 양

단위 시간당 소비한 전기 에너지의 양을 전력이라 해요. 소비 전력이 크다는 것은 단위 시간 동안 더 많은 전기 에너지를 소비한다는 것을 의미하지요. 일반적으로 열에너지를 발생시키는 난로나 전기담요 같은 기구가 다른 전기 기구에 비해 소비 전력이 커요. 전력에 사용 시간을 곱하면 전력량을 구할 수 있어요.

방전(放電) discharge	放(놓을 방) 電(전기 전): 전기를 놓다. 대전된 물체가 전기를 잃어버려 중성이 되는 현상

대전된 물체가 전기를 잃어버려 중성이 되는 현상을 방전이라고 해요. '휴대폰 배터리가 없어.'라는 말을 하는데 배터리가 방전되어 더 이상 대전체 역할을 하는 것이 없어졌다는 것이고, 전기력을 이용하여 작동할 수 없다는 뜻이에요. 방전된 전기 제품을 충전하면 다시 사용할 수 있어요. 즉, 방전의 반대말은 충전이지요.

접지(接地) earth	接(접촉할 접) 地(땅 지): 땅과 접촉하다. 감전이나 정전기에 의한 화재나 고장 등을 방지할 목적으로 전기 기기를 지면과 도선으로 연결하는 것

감전이나 정전기에 의한 화재나 고장 등을 방지할 목적으로 전기 기기를 지면과 도선으로 연결하는 것을 접지라고 해요. 전기 기구를 접지하면 전기 기구와 땅 사이에서 전자가 이동하여 여러 가지 위험을 막아줘요. 주유소에서 사용하는 주유기, 건물의 피뢰침 등을 접지하여 정전기나 번개로 인한 화재를 예방하는 것이지요.

감전(感電) electric shock

感(느낄 감) 電(전기 전): 전기를 느끼다. 인체에 전류가 흘러 상처를 입거나 충격을 느끼는 일

인체에 전류가 흘러 상처를 입거나 충격을 느끼는 일을 감전이라 해요. 전류의 세기가 1mA 정도이면 감지할 수 있고, 5mA 정도이면 경련을 일으키며 10mA 정도이면 불안해지고 15mA 정도이면 강력한 경련을 일으켜요. 50~100mA 정도이면 사망할 수도 있어요. 플러그를 콘센트에 꽂을 때, 물에 젖은 손으로 꽂지 말라고 하지요? 그 이유는 물에 젖은 손이 마른 손보다 전기 저항이 낮아 감전될 위험이 더 크기 때문이에요.

누전(漏電)

漏(샐 누) 電(전기 전): 전기가 새다. 전깃줄 밖으로 전류가 흘러 나가는 현상

전깃줄 밖으로 전류가 흘러 나가는 현상을 누전이라고 해요. 전깃줄은 안전을 위해 전기가 통하지 않는 재질로 줄을 감싸 전기가 전깃줄 속에서만 흐르도록 만들었지만, 전깃줄의 피복이 벗겨졌거나, 피복이 감당할 수 없을 정도로 많은 전류가 흐르면 전깃줄 밖으로 전류가 흘러 누전 현상이 일어나게 돼요. 누전된 전류 때문에 감전 사고가 일어날 수도 있고, 화재가 일어날 수도 있어요. 그래서 누전에 대한 사고를 예방하기 위해 누전 차단기를 반드시 설치해야 하고, 세탁기 같은 전기 제품은 접지시켜 사용해야 해요.

합선(合線)

合(합할 합) 線(선 선): 선을 합하다. 오래된 전선의 피복이 부식되거나 다른 원인에 의해 전선이 붙어버린 현상

오래된 전선의 피복이 부식되거나 다른 원인에 의해 전선이 붙어버린 현상을 합선이라고 해요. 합선이 일어나면 저항은 0에 가까워지고 높은 전류가 흘러 화재의 원인이 되지요. 합선을 예방하기 위해서 한 개의 콘센트에 문어발식으로 전기를 사용해서는 안 되고, 퓨즈나 과전류 차단기를 정격용량으로 설치해서 사용해야 해요. 또한 건전지를 보면 양극과 음극을 직접 연결하지 말라는 주의사항이 있어요. 직접 연결할 경우 둘 사이의 저항이 0에 가까워져서 발열, 폭발의 위험이 있어요.

04 | 자기장

19세기에 프랑스 과학자 앙페르는 전류가 흐르는 도선 주변에는 마치 영구자석처럼 자기장이 생긴다는 것을 알아내고 그 세기를 정확하게 예측할 수 있는 법칙을 제안하였다. 이 방법에 따르면 전선에 전류를 흘리는 것만으로도 영구자석 없이 얼마든지 자기장을 만들 수 있게 된다. 오늘날에 사용하는 전자석은 바로 이러한 성질을 이용한 것이다. 이 앙페르 법칙은 전자석을 만드는 데 활용될 뿐만 아니라, 전자석 주위에 영구자석을 배치하여 전자석을 회전하게 하는 전기 모터의 원리로도 사용된다.

지구 자기장 (地球磁氣場)	地(땅 지) 球(공 구) 磁(자석 자) 氣(기운 기) 場(마당 장): 지구 자기에 의한 자기장

지구 주변에 형성된 자기장으로 지구는 내부에 커다란 자석이 있는 것처럼 자기장을 형성해요. 지구가 이러한 자기장을 형성하는 이유는 아직 확실하지는 않지만 액체로 되어있는 외핵에서 대류 현상이 일어나는데, 거기에서 전자가 이동하면서 자기장이 형성이 돼요. 이러한 지구 자기장 때문에 나침반 바늘이 일정한 방향을 가리켜요. 나침반의 N극이 왜 북극을 가리킬까요? 지구의 북극 부근에 지구 자기장의 S극이 위치하고 남극 부근에 지구 자기장의 N극이 위치하기 때문이지요.

자기력선(磁氣力線)	磁(자석 자) 氣(기운 기) 力(힘 력) 線(선 선): 자기력을 선으로 나타낸 것

자기장의 모습을 선으로 나타낸 것을 자기력선이라 해요. 방향은 N극에서 S극으로 정했으며 중간에 교차하거나 끊어지지 않고 갈라지지도 않아요. 자기력선이 빽빽한 부분은 자기력선이 성긴(듬성듬성한) 부분보다 상대적으로 자기장의 세기가 커요. 자석을 흰 종이 아래에 놓고 그 종이 위에다 철가루를 뿌린 뒤, 가볍게 톡톡 두드리면 자석의 N극에서 S극으로 향하는 자기력선을 따라 철가루가 배열돼요.

앙페르 법칙(法則)
Ampere's law

앙페르가 만든 자기장을 찾는 법칙

직선 전류가 흐르는 방향으로 오른손 엄지손가락을 향하게 하면 직선 전류에 의한 자기장의 방향은 나머지 네 손가락이 도선을 감아쥐는 방향이에요. 이 법칙을 앙페르 법칙 혹은 오른손 법칙이라 해요. 왼손으로 하면 자기장의 방향이 반대로 나올 수 있으니 꼭 오른손으로만 해야 돼요.

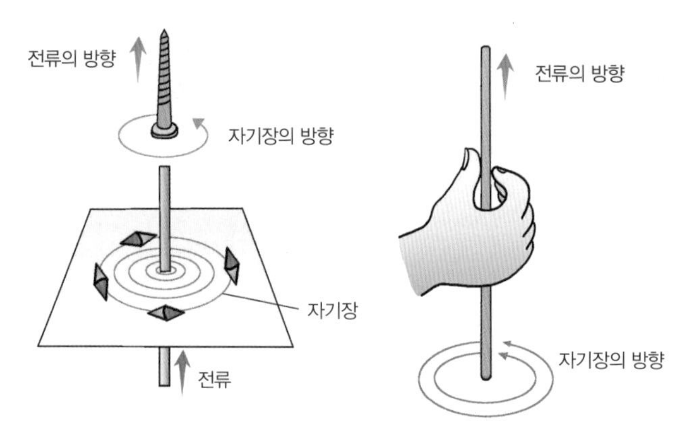

오른손 법칙

전자석(電磁石)
electromagnetic

電(전기 전) 磁(자석 자) 石(돌 석): 전류가 흐르면 자석이 되는 것

전류가 흐르면 자기화되어 자석의 성질을 띠고 전류가 흐르지 않으면 자기화가 되지 않은 원래의 상태로 돌아가는 자석을 전자석이라 해요. 영구자석은 항상 자석의 성질을 띠는데 비해 전자석은 필요할 때만 자석의 성질을 띠게 할 수 있고 전류를 조절하면 자석의 극이나 자기장의 세기를 바꿀 수 있어요. 간단한 형태의 전자석으로는 솔레노이드가 있어요.

05 | 전자기 유도

19세기에 영국의 과학자인 패러데이는 앙페르 법칙과 정반대의 현상을 일으키는 법칙을 발견하였는데, 전류가 흐르지 않는 전선 고리 주변에서 자석을 움직이면 고리에 전류가 생긴다는 것이다. 이 원리는 전동기의 원리와 정반대이므로 전동기에 전지를 연결하는 대신에 코일을 회전시키면 오히려 전류가 만들어지는 발전기가 된다는 것을 알 수 있다.

전자기 유도 電磁氣誘導	電(전기 전) 磁(자석 자) 氣(기운 기) 誘(꾈 유) 導(인도할 도): **자기장의 변화로 전류를 발생시키는 것**

'전류가 흐를 때 주위에 자기장이 생긴다면 자석을 이용하여 전류를 만들 수도 있지 않을까?' 라는 의문을 가진 과학자 페러데이가 코일 속에 자석을 넣었다 빼었다 하면서 도선에 전류가 흐른다는 사실을 발견했어요. 코일을 통과하는 자속에 변화를 주어 코일에 전류를 흐르게 하는 현상을 전자기 유도라 해요. 이때 전자기 유도 현상을 통해 흐르는 전류를 유도 전류라고 해요. 유도 전류의 세기는 코일을 많이 감을수록, 넣었다 뺐다 하는 자석의 속력이 빠를수록 세져요.

발전기(發電機)	發(일어날 발) 電(전기 전) 機(기계 기): **전기를 일으키는 기계. 전자기 유도 현상에 의해 역학적 에너지를 전기 에너지로 바꾸는 장치**

전자기 유도 현상에 의해 역학적 에너지를 전기 에너지로 바꾸는 장치를 발전기라고 해요. 수력은 물의 힘을 이용해서, 화력과 원자력은 물을 수증기로 만들어 그 힘을 이용하여 터빈을 돌려줌으로써 전기를 만들어내지요. 이때 발전기를 이용하여 만들어낸 전류는 교류이고, 태양전지와 연료전지들은 직류를 만들어내요. 여기서 교류는 주기적으로 세기와 방향이 변하는 전류나 전압을, 직류는 세기와 방향이 일정한 전류나 전압을 말해요.

5 빛과 파동

사람이 태어나 가장 먼저 알게 되는 것이 세상은 참 아름다운 색들로 가득 채워졌다라는 사실일지도 모르겠다. 콤팩트디스크(CD) 표면이나 비눗방울에서 아름다운 무지개색을 보게 되는 것은 어떤 원리일까? 하늘은 왜 파랗게 보이고, 눈은 왜 희게 보이는 것일까? 또 많은 학생들이 안경을 쓰고 있을 텐데 안경은 글씨를 읽을 수 있도록 도와주는 매우 중요한 광학 기기이다. 어떻게 안경이 그와 같은 기능을 하는 것일까?

빛이나 소리가 없다면 우리는 보지도 못하고 듣지도 못할 것이다. 빛, 소리, 전파, X선 등의 파동은 우리들이 자연의 모든 것을 보고 듣고 느끼게 할 뿐만 아니라, 생활에 필요한 에너지와 정보도 전해 준다.

01 빛의 반사와 굴절

광원(光源) | **반사**(反射) | **법선**(法線) | **상**(像) | **정반사**(正反射) | **난반사**(亂反射) | **평면**(平面)**거울** | **볼록거울**(convex mirror)·**오목거울**(concave mirror) | **굴절**(屈折) | **볼록렌즈**(convex lens) | **오목렌즈**(concave lens) | **초점**(焦點)

02 빛의 분산과 합성

분산(分散) | **백색광**(白色光) | **합성**(合成) | **빛의 3원색**(原色)

03 파동

진동(振動) | **파동**(波動) | **매질**(媒質) | **진폭**(振幅) | **파장**(波長) | **주기**(週期) | **종파**(縱波) | **횡파**(橫波)

04 소리

소리(sound) | **파형**(波形) | **소음**(騷音)

01 | 빛의 반사와 굴절

거울 앞에 서면 자신의 모습을 볼 수 있지만, 벽 앞에 서면 자신의 모습을 볼 수 없다. 그 이유는 무엇일까? "얕은 내도 깊게 건너라."는 속담이 있다. 매사에 신중을 기하라는 이 말 속에는 매우 흥미로운 과학적인 원리가 숨어 있다. 물이 들어 있는 컵에 연필을 넣으면 연필이 꺾여 보인다. 그 이유는 무엇일까? 거울 앞에 서면 빛의 반사 현상으로 인해 자신의 모습을 볼 수 있고, 빛이 공기에서 물로 진행할 때 굴절 현상으로 인해 '떠 보이기 현상(깊은 물이 얕게 보이는 현상)'이 나타나기 때문이다.

광원(光源) light source	光(빛 광) 源(근원 원): 빛의 근원. 빛을 내는 모든 물체

빛을 내는 모든 물체를 광원이라고 해요. 태양, 별과 같이 스스로 빛을 내는 것도 광원이며, 전등, 네온사인, 핸드폰액정 등과 같이 인공적으로 빛을 내는 기구도 광원에 해당해요.

반사(反射) reflection	反(돌이킬 반) 射(쏠 사): 쏜 것이 돌아오다. 물체에 부딪혀 되돌아 나오는 현상

빛과 같은 파동이 매질의 경계면에서 다시 처음 매질로 되돌아가는 현상, 즉 물체에 부딪혀 되돌아 나오는 현상을 반사라고 해요. 우리가 물체를 볼 수 있는 것은 빛이 물체에 반사되어 눈으로 들어오기 때문이에요. 그리고 입사된 빛이 법선과 이루는 입사각과 반사된 빛이 법선과 이루는 각인 반사각은 항상 같아요. 이를 반사의 법칙이라고 하지요.

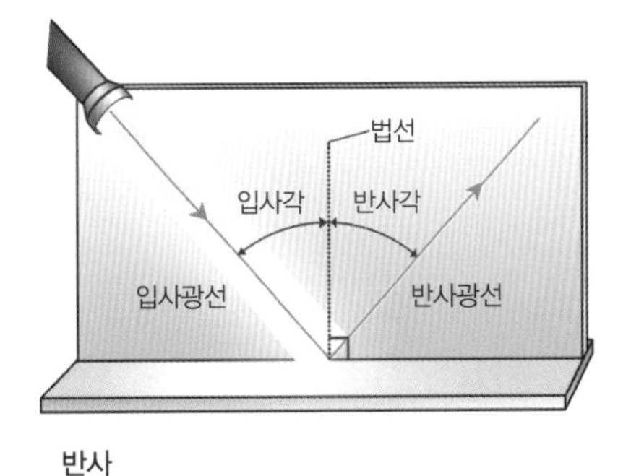

반사

법선(法線) normal	法(법 법) 線(선 선): 경계면에 수직인 선

매질의 경계면에 수직인 선을 법선이라고 해요. 입사 파동이 법선과 이루는 각을 입사각, 반사 파동이 법선과 이루는 각을 반사각, 굴절 파동이 법선과 이루는 각을 굴절각이라고 하지요. 빛이 반사될 때 입사각과 반사각은 항상 같은데, 이를 반사의 법칙이라고 해요.

상(像) image	像(형상 상): 거울, 렌즈 유리 등 광학 기기에서 빛이 반사 또는 굴절되어 보이는 물체의 모습

거울, 렌즈 유리 등 광학 기기에서 빛이 반사 또는 굴절되어 보이는 물체의 모습을 상이라고 해요. 상의 종류에는 빛이 실제로 모여서 생기는 실상과 빛이 실제로 모이지 않고 생기는 허상이 있어요. 실상은 거울 앞이나 렌즈 뒤에서 빛이 실제로 모여서 생기는 상이고, 허상은 거울 뒤나 렌즈 앞에서 빛의 연장선이 만드는 상이에요.

정반사(正反射)	正(바를 정) 反(돌이킬 반) 射(쏠 사): 바르게 반사되다. 광선이 반사된 후에 일정한 방향으로 진행하는 반사

거울이나 금속과 같이 매끄러운 표면에서는 광선이 반사된 후에 일정한 방향으로 진행하는데, 이러한 반사를 정반사라고 해요. 정반사는 빛이 한 곳으로만 반사돼서 특정한 위치에서만 빛을 볼 수가 있어요. 정반사가 일어나면 거울과 같은 물체로 반사된 자기 모습을 볼 수 있지만 난반사가 일어나면 자기 모습을 볼 수 없어요. 평면거울이나 잔잔한 호수에서는 정반사가 일어나서 반사된 자기 모습을 볼 수가 있는 거예요.

난반사(亂反射)	亂(어지러울 난) 反(돌이킬 반) 射(쏠 사): 어지럽게 반사되다. 반사된 빛들이 각각 다양한 방향으로 반사되어 나가는 것

물체의 표면이 평평하지 않고 울퉁불퉁한 상태에서 빛이 비추어져서 반사된 빛들이 각각 다양한 방향으로 반사되어 나가는 것을 난반사라고 해요. 난반사된 빛은 사방으로 흩어지므로 어느 방향에서나 물체를 볼 수 있어요. 영화관에 설치되어 있는 스크린의 표면은 거칠기 때문에 스크린의 영상을 어느 방향에서나 볼 수 있는 거예요. 난반사가 일어나도 반사의 법칙은 성립하므로 입사각과 반사각은 항상 같아요.

평면(平面)거울 plane mirror	平(평평할 평) 面(면 면) 거울: 빛을 반사하는 면이 평평한 거울

빛을 반사하는 면이 평평한 거울을 평면거울이라고 해요. 물체에서 나와 평면거울에서 반사한 빛은 마치 거울 뒤에 있는 상에서 나온 것처럼 보이지요? 평면거울에 의한 상의 크기는 물체의 크기와 같으며, 거울 면과 대칭인 곳에 생기고, 거울 속의 허상은 좌우가 바뀌어 보여요. 다시 말하면 물체에서 거울까지의 거리와 거울에서 상까지의 거리는 같고, 물체와 상은 크기가 같고 위아래는 그대로이지만 좌우가 바뀌어 보이는 거예요.

볼록거울 convex mirror **오목거울** concave mirror	상이 비치는 거울의 면이 볼록한 거울 반사면이 오목한 구면 거울

빛을 반사하는 면이 볼록한 거울을 볼록거울이라고 해요. 볼록거울에 물체를 비춰보면 상이 물체보다 항상 작게 보여요. 대신에 더 넓은 범위를 볼 수 있어요. 자동차의 문에 달린 사이드 미러나 슈퍼마켓의 모퉁이 위에 달린 거울 등 넓은 범위를 비춰보아야 하는 장소에 많이 쓰여요. 이에 반해 빛을 반사하는 면이 오목한 거울을 오목거울이라고 해요. 오목거울에 물체를 비춰보면 가까이 있는 물체는 더 크게 보이고 멀리 있는 물체는 거꾸로 회전한 모양으로 작게 보여요. 손전등의 반사경이나 현미경에 사용하면 빛을 모아 물체를 더 밝게 볼 수 있게 해주고, 화장용 거울에 오목거울을 사용하면 얼굴 모습을 확대하여 자세히 볼 수 있게 해줘요.

굴절(屈折) refraction	屈(굽힐 굴) 折(꺾을 절): 꺾여 구부러지다. 빛이 다른 매질로 들어가면서 파동의 진행 방향이 바뀌는 현상

반사는 한 매질 안에서 일어나지만 굴절은 빛이나 파동이 한 매질에서 다른 매질로 진행할 때 일어나요. 빛이나 파동이 한 매질에서 다른 매질로 진행할 때에 매질에 따라서 진행 속력이 달라지기 때문에 진행 방향이 꺾이게 되어 굴절이 일어나는 거예요. 물이 들어있는 컵에 빨대를 꽂아 놓으면 꺾여 보이는 것도 빛의 굴절에 의한 현상이고 망원경이나 안경에 쓰이는 렌즈도 빛을 굴절시키기 위해 이용한 거예요.

볼록렌즈 convex lens	빛이 굴절하는 성질을 이용하여 만든 가운데가 볼록한 렌즈

가운데 부분이 가장자리보다 두꺼워 볼록한 형태를 띠는 렌즈를 볼록렌즈라고 해요. 볼록렌즈는 빛을 모으는 작용을 하며 가까이 있는 물체를 보면 상이 똑바로 선 모양으로 크게 보이고 멀리 있는 물체를 보면 상이 거꾸로 선 모양으로 작게 보여요. 볼록렌즈는 성질이 오목거울과 비슷해요. 볼록렌즈의 성질을 이용한 물체에는 돋보기, 쌍안경, 원시용 안경 등이 있어요.

오목렌즈 concave lens	중심부의 두께가 가장자리보다 얇은 렌즈

가운데 부분이 가장자리보다 얇아서 오목한 형태를 띠는 렌즈를 오목렌즈라고 해요. 오목렌즈는 빛을 분산시키는 작용을 하며 상이 물체보다 항상 작게 보이는 대신에 넓은 범위를 볼 수 있어요. 오목렌즈는 성질이 볼록거울과 비슷해요. 오목렌즈의 성질을 이용한 물체에는 손전등, 근시용 안경 등이 있어요.

초점(焦點) focus	焦(탈 초) 點(점 점): 렌즈나 반사거울에 들어온 빛이 한 곳으로 모이는 점

렌즈나 구면 거울 등에 입사한 빛이 한 곳으로 모이는 점을 초점이라고 해요. 광축에 평행하게 입사한 빛은 곡률 반경의 $\frac{1}{2}$이 되는 지점을 통과하는데, 이 지점이 초점이에요. 오목거울이나 볼록렌즈는 빛이 초점으로 모여요. 어렸을 때 돋보기로 검은 색깔 비닐봉투나 종이를 태워 본 적이 있죠? 볼록렌즈인 돋보기가 태양빛을 한 곳으로 모이게 해줘서 초점의 온도가 발화점까지 올라가면 불이 붙어 탈 수 있는 거예요. 초점에는 허초점이라는 것도 있는데 허초점은 빛이 실제로 지나지 않기 때문에 빛이 모이지 않아요. 볼록거울이나 오목렌즈가 허초점을 가지고 있어요.

02 | 빛의 분산과 합성

"나는 처음 프리즘에 의하여 선명한 색깔의 원형 무늬가 나타날 것이라는 기대감에 흥분하고 있었다. 그러나 옆으로 넓게 퍼진 색깔의 띠가 나타나는 것이 아닌가!" 색에 관한 연구를 많이 했던 뉴턴은 이와 같은 사실을 관찰하고 놀랐다고 한다. 우리가 보는 텔레비전이나 컴퓨터의 모니터는 빛의 삼원색(빨강, 초록, 파랑)의 조합을 통해 화면을 구성한다.

분산(分散) dispersion	分(나눌 분) 散(흩을 산): 나누어 흩어지다. 백색광이 여러 색의 빛으로 나누어지는 것

백색광이 여러 색의 빛으로 나누어지는 것을 분산이라고 해요. 백색광이 프리즘을 통과할 때 분산되어 여러 색의 빛으로 나누어지는데, 빛이 프리즘에서 굴절할 때 색에 따라 굴절률이 다르기 때문에 나누어지는 것이지요. 비오는 날 오던 비가 그치면 가끔 하늘에 무지개가 보이곤 하죠? 무지개는 물방울에 의해 빛이 분산되어 생기는 현상이에요.
무지개를 보려면 하늘 한편에 태양이 빛나고 있어야 하고, 그 반대편 하늘에는 비로 인해 생긴 물방울이나 구름 속의 물방울들이 있어야만 해요. 이때 태양을 등지고 서면 아름다운 무지개를 볼 수 있어요. 비행기를 타고 높은 고도에서 보면 완전한 원형의 무지개도 볼 수 있어요. 신기하죠?

백색광(白色光) white light	白(흰 백) 色(색채 색) 光(빛 광): 흰색의 빛. 여러 색깔의 빛이 합성되어 색깔이 없는 빛

뉴턴은 햇빛과 같은 백색광을 프리즘에 투과시키면 빨강, 주황, 노랑, 초록, 파랑, 남색, 보라의 순으로 여러 가지 색깔의 빛으로 분산되고, 또 이것을 합치면 다시 백색광이 된다는 것을 확인했어요. 이렇게 여러 색깔의 빛이 합성되어 색깔이 없는 빛을 백색광이라 하고, 백색광을 프리즘에 분산시키면 다양한 색깔의 띠(스펙트럼)를 얻을 수가 있어요.

합성(合成)	合(합할 합) 成(이룰 성): 합하여 이루어지다. 두 가지 색 이상의 빛이 합쳐져서 다른 색의 빛으로 보이는 것

두 가지 색 이상의 빛이 합쳐져서 다른 색의 빛으로 보이는 것을 빛의 합성이라고 해요. 미술 시간에 물감을 이용하여 그림을 그려 본 적이 있죠? 물감은 섞으면 섞을수록 어두워지지만 빛은 합성할수록 밝아지는 성질을 가지고 있어요.

빛의 3원색(原色)	빛의 3 原(근원 원) 色(색채 색): 빨강, 초록, 파랑의 3원색

빨강, 파랑, 초록 이 3가지 색을 빛의 3원색이라고 해요. 빨간색과 초록색을 섞으면 노란색이 되고, 빨간색과 파란색을 섞으면 자홍색이 되고, 초록색과 파란색을 섞으면 청록색이 되며, 빨간색, 파란색, 초록색을 모두 섞으면 흰색이 돼요. TV와 같은 영상장치는 기본적으로 빨간색, 파란색, 초록색만을 내도록 되어 있어요. 그런데 우리가 보는 TV에는 주황색, 보라색 등 다양한 색깔들이 보이죠? 빨간색과 초록색을 2:1 비율로 섞으면 주황색이 돼요. 이렇듯이 삼원색의 빛을 적절한 비율로 섞으면 다양한 색깔의 빛을 만들 수 있어요.

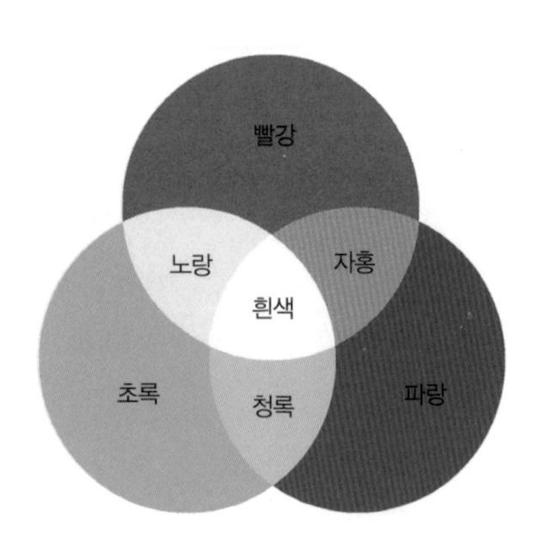

빛의 3원색의 합성

03 | 파동

자연에는 여러 가지 파동이 있고, 파동의 종류에 따라 파동이 전파하는 모양이나 매질이 진동하는 모양이 서로 다르다. 그러나 어떤 파동이든지 매질 자체가 이동하는 것이 아니라, 매질을 통해 에너지가 전파되어 나가는 것이다.

진동(振動) oscillation	振(떨 진) 動(움직일 동): 떨리면서 움직이다. 물체가 시간의 흐름에 따라 하나의 점을 중심으로 반복적으로 왔다 갔다 하면서 움직이는 상태

물체가 시간의 흐름에 따라 하나의 점을 중심으로 반복적으로 왔다 갔다 하면서 움직이는 상태를 진동이라 해요. 그네를 타고 왔다 갔다 하는 것도 진동이라 할 수 있어요. 공사장에서 땅을 파는 드릴도 진동을 이용한 기계이고, 안마기도 진동을 이용한 기계예요.

파동(波動) wave	波(물결 파) 動(움직일 동): 물결이 움직이다. 공간의 한 곳에서 생긴 진동이 차례로 이웃한 물질에게 전달되는 방법으로 물질이 직접 이동하지 않고 에너지를 이동시키는 현상

공간의 한 곳에서 생긴 진동이 차례로 이웃한 물질에게 전달되는 방법으로 물질이 직접 이동하지 않고 에너지를 이동시키는 현상을 파동이라고 해요. 파동의 종류에는 매질을 통해 전달되는 물결파, 소리(음파), 지진파 등이 있고, 매질이 필요 없는 빛(전자기파)이 있어요. 파동이 처음 발생한 지점을 파원이라 하고, 같은 물질에서 만들어진 파동도 파원의 모양에 따라 파동의 모습이 달라져요.

매질(媒質) medium	媒(매개 매) 質(물질 질): 파동을 전달시키는 물질

물결파를 전달하는 물, 지진파를 전달하는 땅, 소리(음파)를 전달하는 공기와 같이 파동을 전달시키는 물질을 매질이라 해요. 파동이 전파될 때 매질은 제자리에서 진동할 뿐 함께 이동하지는 않아요. 파도는 물결에 의해서 진동하면서 에너지가 전달되고, 지진은 땅이 진동하면서 에너지가 전달되고, 소리는 공기에 의해 에너지가 전달돼요. 그러나 모든 파동이 매질이 있어야만 에너지가 전달되는 것은 아니에요. 빛(전자기파)은 매질이 없어도 에너지가 전달될 수 있어요.

진폭(振幅)amplitude

振(진동할 진) 幅(폭 폭): 진동하는 폭. 매질의 최대 변위, 즉 진동의 중심에서 마루 또는 골까지의 거리

매질의 최대 변위, 즉 진동의 중심에서 마루 또는 골까지의 거리를 진폭이라고 해요. 진동의 중심에서 가장 높은 곳을 마루라 하고 가장 낮은 곳을 골이라 해요. 소리의 높이가 같을 때 큰소리와 작은 소리는 진폭과 관계가 있어요. 진폭이 크면 큰소리가 나고 진폭이 작으면 작은 소리가 나요.

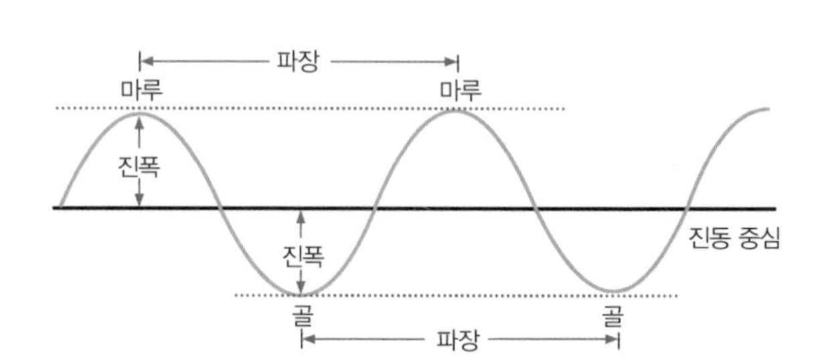

파장(波長)wavelength

波(물결 파) 長(길이 장): 파동에서 같은 위상을 가진 서로 이웃한 두 점 사이의 거리. 이웃한 마루와 마루 또는 골과 골 사이의 거리로서 파동이 한 주기 동안 진행한 거리

파장은 이웃한 마루와 마루 또는 골과 골 사이의 거리로서 파동이 한 주기 동안 진행한 거리예요. 빛은 파장에 따라 나누어지게 되는데 자외선은 가시광선보다 파장이 짧고, 가시광선은 적외선보다 파장이 짧아요. 우리 눈이 볼 수 있는 빛은 가시광선 영역 밖에 없어요. 적외선은 온도계나 센서 등에 쓰이고, 자외선은 소독 및 살균기에 쓰여요. 자외선은 에너지가 커서 피부암을 유발할 수 있기 때문에 햇빛이 강한 날에는 자외선 차단 크림을 발라줘야 해요.

주기(週期)period

週(돌 주) 期(기간 기): 현상이나 특징이 한 번 나타나고부터 다음번까지 반복되는 기간

어떤 현상이 한 번 되풀이되는데 걸리는 시간, 즉 파동에서 매질의 각 점이 한 번 진동하는 데 걸리는 시간을 주기라고 해요. 주기의 역수를 진동수 또는 주파수라 해요. 진동수의 단위는 1/초 또는 Hz(헤르츠)를 사용하고요. 주기가 0.1초인 파동은 진동수가 10Hz이므로, 1초 동안에 진동을 10회 한다는 뜻이에요.

종파(縱波)

縱(세로 종) 波(물결 파): 세로 파동. 파동의 진행 방향과 매질의 진동 방향이 나란한 파동

용수철을 한쪽 벽에 고정시키고 다른 한쪽을 손으로 잡고 늘렸다 놓았다 하면 간격이 소한(듬성듬성한) 부분과 밀한(빽빽한) 부분이 번갈아가며 생기면서 진동 상태가 용수철을 따라 이동해요. 이렇게 파동의 진행 방향과 매질의 진동 방향이 나란한 파동을 종파라고 해요. 종파는 매질의 간격이 소한 부분과 밀한 부분이 생기므로 소밀파라고도 해요. 종파의 종류에는 소리(음파), 지진파의 P파 등이 있어요.

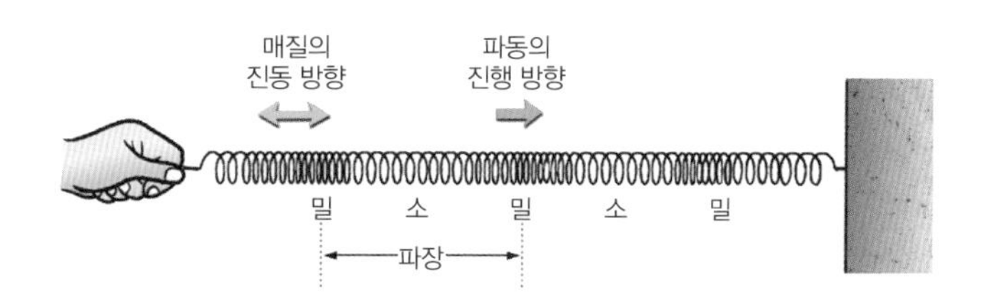

횡파(橫波)

橫(가로 횡) 波(물결 파): 가로 파동. 파동의 진행 방향과 매질의 진동 방향이 수직인 파동

용수철을 한쪽 벽에 고정시키고 다른 한쪽을 손으로 잡고 위아래로 흔들면 S자 모양으로 용수철이 진동해요. 이때 용수철의 진동 방향은 위아래인데 파동의 진행 방향은 앞뒤에요. 이렇듯이 파동의 진행 방향과 매질의 진동 방향이 수직인 파동을 횡파라고 해요. 횡파는 높아지는 부분과 낮아지는 부분이 생기므로 고저파라고도 해요. 횡파의 종류에는 빛(전자기파), 지진파의 S파 등이 있어요.

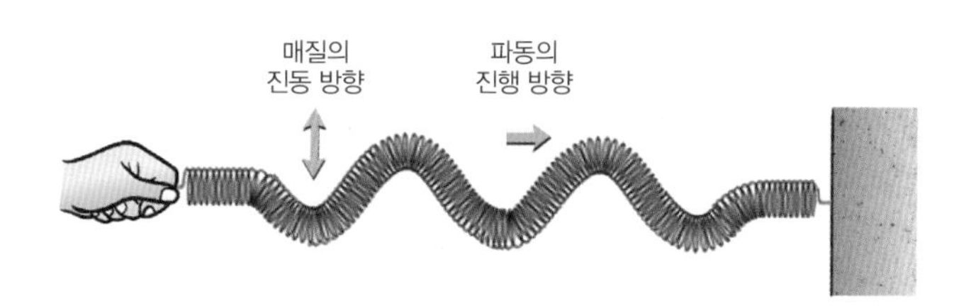

04 | 소리

소리는 물체의 진동에 의해 발생하고, 매질을 통해 전달된다. 우리가 하는 말은 공기를 통해 전달된다. 그런데 소리는 물과 같은 액체를 통해서도 전달되고, 나무나 돌과 같은 고체를 통해서도 전달된다. 또 소리에는 사람이 들을 수 있는 소리(가청음파)도 있지만, 사람의 귀에 들리지 않는 소리(초음파, 초저주파)도 있다.

소리 sound	물체의 진동에 의하여 생긴 음파가 귀청을 울려 귀에 들리는 것

공기의 진동을 통해 사람의 고막에 전달된 파동을 소리라고 해요. 소리의 3요소에는 진폭, 진동수, 파형이 있는데 진폭이 클수록 소리의 크기가 크고 진동수가 클수록 소리의 음이 높아요. 그리고 사람마다 목소리의 파형(파동의 형태)이 달라서 목소리가 모두 다른 거예요. 사람마다 다른 것이 지문만인 줄 알았는데, 성문도 있다고 하네요.

파형(波形)	波(물결 파) 形(모양 형): 파동의 모양

파동의 생김새, 파동의 형태를 파형이라 해요. 같은 세기, 같은 높이의 소리라도 소리를 구별할 수 있는 이유는 발생한 물체에 따라 소리의 파형이 다르기 때문이에요. 여러 악기를 함께 연주할 때 악기 소리를 구별할 수 있는 것과 여러 사람이 동시에 얘기하고 있어도 친구의 목소리를 구별할 수 있는 것은 소리의 파형이 다르기 때문이란 걸 알겠죠?

소음(騷音) noise	騷(떠들 소) 音(소리 음): 떠드는 소리. 불쾌하게 들리거나 신체적인 피해를 주는 소리

불쾌하게 들리거나 신체적인 피해를 주는 소리를 소음이라고 해요. 소음을 정의하는 기준은 사람마다 다를 수 있지만 공공장소에서 시끄럽게 떠드는 소리도 소음이라 할 수 있고, 늦은 밤 윗집에서 쿵쿵하고 아이들이 뛰어다니는 소리도 소음이라 할 수 있어요. 소음과 반대로 여러 소리가 동시에 만났을 때 조화롭게 들리는 소리는 화음이라고 해요. 아카펠라나 오케스트라 등이 화음의 대표적인 예라고 할 수 있어요.

start!

II

화학

融(녹을 융) **解**(풀 해):

녹아서 풀어지다.
고체에 열을 가했을 때 액체로 되는 현상

1 분자 운동과 상태 변화

얼음을 가열하면 물이 되고, 물을 계속 가열하면 수증기가 된다. 반대로 수증기를 냉각하면 물이 되고, 물을 냉각하면 얼음이 된다. 이와 같이 물질에 열을 가하거나 냉각하면 물질의 상태가 변하는데, 이를 상태 변화라고 한다. 물질의 상태가 변할 때 분자의 수나 분자 자체의 성질은 변하지 않고 분자 배열만 달라진다. 따라서 상태 변화가 일어나도 물질의 질량이나 성질은 변하지 않고 부피만 달라진다.

고체, 액체와는 달리 기체는 그 부피가 온도와 압력에 따라 크게 변한다. 1662년 영국의 보일은 일정한 온도에서 기체의 압력과 부피가 반비례한다는 것을, 1787년 프랑스의 샤를은 일정한 압력에서 기체의 온도와 부피가 비례한다는 것을 밝혔다.

01 분자 운동

분자 운동(分子運動) | **증발**(蒸發) | **확산**(擴散) | **확산 속도**(擴散速度) | **브라운 운동**(運動) | **물질**(物質)

02 물질의 세 가지 상태

고체(固體) | **액체**(液體) | **기체**(氣體)

03 상태 변화와 에너지

상태 변화(狀態變化) | **융해**(融解) | **응고**(凝固) | **기화**(氣化) | **액화**(液化) | **승화**(昇華) | **열**(熱)**에너지** | **녹는점**(點)·**어는점**(點) | **끓는점**(點) | **융해열**(融解熱) | **기화열**(氣化熱) | **분자**(分子) | **결정**(結晶) | **분자 모형**(分子模型)

04 압력과 온도에 따른 기체의 부피 변화

압력(壓力) | **기체의 압력**(氣體-壓力) | **보일의 법칙**(法則) | **샤를의 법칙**(法則)

01 | 분자 운동

물질의 고유한 성질을 가지고 있는 가장 작은 입자인 분자는 정지해 있지 않고 끊임없이 운동하는데, 이것을 분자 운동이라고 한다. 물이 증발되는 현상, 잉크가 물 전체로 퍼져나가는 현상, 향수 냄새가 멀리 퍼져나가는 현상 등은 물질을 이루는 입자들이 스스로 운동하기 때문에 나타나는 것이다.

분자 운동(分子運動) molecular motion	分(나눌 분) 子(접미사 자) 運(옮길 운) 動(움직일 동): 분자들의 움직임

물질들을 이루는 입자인 분자들은 모두 움직이고 있어요. 분자의 움직임은 그 물질의 상태에 따라 다르게 나타나는데, 고체 분자들은 규칙적이고 촘촘하게 배열되어 있어서 제자리에서 진동만 하는 운동을 하지요. 액체 분자의 경우 분자 사이의 인력이 작아 고체 분자에 비해 자유롭게 움직일 수 있고 불규칙한 운동을 해요. 마지막으로 기체 분자의 경우 분자 사이의 인력이 매우 작아서 움직임이 가장 활발하고 자유롭다고 할 수 있지요.

증발(蒸發) evaporation	蒸(증발할 증) 發(떠날 발): 액체 표면에서 일어나는 기화 현상

증발은 일상생활에서도 쉽게 볼 수 있는 현상이에요. 젖은 빨래를 널었을 때 빨래가 마르는 현상, 염전에 바닷물을 가두어 놓았을 때 소금을 얻을 수 있는 현상 등이 그것이에요. 이처럼 액체 표면에서 일어나는 기화현상을 증발이라고 하는데, 액체를 가열했을 때 기화되는 것은 끓음이니까 증발하고 헷갈리지 않도록 조심해요.

확산(擴散) diffusion	擴(넓힐 확) 散(흩을 산): 퍼져 흩어지다. 어떤 물질 속에 다른 물질이 점차 섞여 들어가는 현상

잉크를 물에 떨어뜨리면 물의 색깔이 잉크 색깔로 변화하는 것을 알 수 있어요. 그 이유는 잉크 분자들이 물의 분자 사이로 퍼져나갔기 때문이고, 향수를 뿌릴 때도 마찬가지의 현상이 일어나지요. 확산은 물질을 이루는 분자들이 끊임없이 활동하기 때문에 나타나는 현상이에요.

확산 속도(擴散速度)

擴(넓힐 확) 散(흩을 산) 速(빠를 속) 度(정도 도): 퍼져 나가는 속도

물질마다 확산 속도에 차이가 나요. 분자의 질량이 작고 가벼울수록 확산 속도는 빨라지지요. 또 온도가 높을수록 확산 속도는 빨라지고요. 물체의 상태에 따라서도 확산 속도가 달라지는데 기체에서 가장 빠르고, 그 다음이 액체, 고체 순이에요. 또한 방해하는 물질이 없을수록 확산 속도는 빠르므로 진공 상태에서 확산 속도가 가장 빠르고, 그 다음이 기체 속, 액체 속 순이에요.

브라운 운동(運動) Brown motion

브라운 運(옮길 운) 動(움직일 동): 브라운이 발견한 법칙. 액체 혹은 기체 안에 떠서 움직이는 작은 입자들의 불규칙한 운동

식물학자인 브라운은 물에 떠 있는 꽃가루를 현미경으로 관찰하던 중, 꽃가루에서 나온 작은 입자가 끊임없이 움직이는 것을 발견했지요. 그것에 의문을 품은 브라운은 작은 염료 가루를 물 위에 떨어뜨리는 실험을 했어요. 그랬더니 염료 가루도 꽃가루처럼 계속 움직임을 보였어요. 이 실험을 통해 가루들이 물에 의해 이동한다는 것을 알아냈어요. 물 분자는 정지해 있는 것처럼 보이지만 사실은 불규칙적으로 계속 움직이고 있었던 것이지요. 액체 혹은 기체 안에 떠서 움직이는 작은 입자들의 불규칙한 운동을 브라운 운동이라고 해요.

물질(物質) matter

物(물건 물) 質(바탕 질): 물체를 이루는 바탕. 물체를 이루는 데 필요한 재료

물체와 물질은 많이 헷갈릴 수 있는 개념이지요? 물체는 우리 눈에 보이고 만질 수 있는 것들을 말하고, 물질은 물체를 이루는 데 필요한 재료들을 뜻해요. 예를 들어, 유리컵은 물체라 하고, 컵을 만든 재료인 유리는 물질인 것이지요.

02 | 물질의 세 가지 상태

우리 주변의 물질은 고체, 액체, 기체의 세 가지 상태로 존재한다. 고체는 일정한 온도와 압력에서 모양과 부피가 변하지 않고, 액체는 흐르는 성질이 있고 담긴 그릇에 따라 모양은 변하지만 일정한 온도와 압력에서 부피는 변하지 않는다. 기체는 모양과 부피가 일정하지 않으며, 부피가 온도와 압력에 따라 크게 변한다.

고체(固體) solid	固(굳을 고) 體(물질 체): 딱딱하게 굳어져 있는 물질. 일정한 모양이나 부피를 가지는 물질

일정한 모양이나 부피를 가지는 물질을 고체라고 해요. 예를 들어 주변에서 볼 수 있는 고체 상태인 나무나 돌 등은 압력을 가해도 쉽게 부피가 변하지 않고, 모양과 부피가 일정하지요.

액체(液體) liquid	液(진액 액) 體(물질 체): 흐르는 물질. 물이나 기름 같은 물질

일상생활에서 볼 수 있는 물이나 기름 같은 물질을 액체라고 해요. 액체 상태인 물질을 보면 부피가 일정하지 않고 흐르는 성질이 있어서 담는 용기에 따라 모양이 변하게 되지요. 그렇지만 모양이 변한다고 해서 양이 변하는 것은 아니에요. 결론을 내리자면 액체는 담는 그릇에 따라 모양은 변하지만 부피는 변하지 않는다는 특징이 있고, 액체의 부피는 압력을 가해도 잘 변하지 않는다는 특징이 있어요.

기체(氣體) gas	氣(공기 기) 體(물질 체): 공기와 같은 물질

기체 상태는 모양과 부피가 일정하지 않아요. 그래서 힘을 가하면 부피가 줄어들고 액체처럼 흐르는 성질도 갖고 있지요. 힘을 주었을 때 부피가 줄어드는 예를 알고 싶다고요? 예를 들면, 부풀어져 있는 풍선을 손으로 누르게 되면 모양이 찌그러지게 되는데, 이처럼 압력을 주면 기체는 부피가 쉽게 변해요.

03 | 상태 변화와 에너지

기체 상태의 물질이 열에너지를 방출하면 분자 운동이 느려져서 액체 상태나 고체 상태가 되고, 고체 상태의 물질이 열에너지를 흡수하면 분자 운동이 활발해져서 액체 상태나 기체 상태가 된다.

상태 변화 (狀態變化)	狀(모양 상) 態(상태 태) 變(변할 변) 化(될 화): 물질의 상태가 변하다. 고체가 액체가 되는 것 고체가 기체가 되는 것 등

물질의 상태가 변화하는 것을 말해요. 예를 들면 얼음이 녹아 물이 되는 것처럼 고체 상태가 액체 상태로 변하는 것을 말해요. 이처럼 고체에서 액체로 변하는 것, 고체가 기체가 되는 것 등을 모두 상태 변화라고 하지요. 이러한 상태 변화들은 융해, 응고, 기화, 액화, 승화와 같은 여러 가지로 표현되고 있어요.

융해(融解) fusion	融(녹을 융) 解(풀 해): 녹아서 풀어지다. 고체에 열을 가했을 때 액체로 되는 현상

융해라는 용어는 간단히 녹는다는 의미를 뜻하는 것으로, 얼음이 녹아서 물이 되는 상태 변화를 융해라고 해요. 즉 융해란 고체 상태의 물체가 액체 상태로 녹는 것을 의미하지요. 다른 것을 예를 들면, 양초를 태울 때 촛농이 흘러내리는 현상 역시 융해에 해당해요.

응고(凝固) solidification	凝(엉길 응) 固(굳을 고): 엉겨 뭉쳐서 굳어지다. 액체가 고체 상태로 변하는 현상

액체 상태의 물질이 고체 상태로 변하는 상태 변화를 말하는 것으로, 촛농이 다시 식어서 굳게 되면 응고라고 할 수 있지요. 물도 다시 냉각시키게 되면 얼음인 고체 상태가 되어 응고가 일어났다고 할 수 있고요. 이처럼 액체 상태의 물질을 냉각시켰을 때 고체 상태가 되는 것을 응고라고 해요.

기화(氣化) vaporization

氣(공기 기) 化(될 화): 기체로 변하다. 액체인 물질이 열을 흡수하여 기체로 되는 현상

흔히 물을 끓이게 되면 처음의 양보다 줄어든 것을 알 수 있는데, 이 줄어든 물이 다 어디로 갔을까요? 물이 열을 받으면 수증기가 되어 공기 중으로 날아가게 되고, 물을 오래 끓일수록 그 양이 더욱더 줄어들게 되지요. 이처럼 액체인 물질이 열을 흡수하여 기체로 되는 현상을 기화라고 해요.

액화(液化) liquefaction

液(진액 액) 化(될 화): 액체로 되다. 기체가 액체로 변하는 현상

더운 날씨에는 찬 물을 많이 찾게 되는데, 차가운 물이 담겨있는 컵의 표면을 보면 물방울들이 맺혀있는 것을 볼 수 있어요. 이 물방울들은 공기 중에 날아다니는 수증기가 컵 표면에서 냉각되어서 물방울을 맺게 되는 것이지요. 이처럼 기체가 액체로 변하는 현상은 주변에서 많이 볼 수 있는데, 구름이 생성되는 것, 목욕탕 천장에 물이 맺히는 현상 등을 예로 들 수 있어요.

승화(昇華) sublimation

昇(오를 승) 華(빛날 화): 빠르게 변하다. 고체가 기체로 변하거나 기체가 고체로 변하는 현상

승화 현상은 두 가지로 나눌 수 있는데, 첫 번째로 고체가 기체로 변하는 현상, 두 번째로 기체가 고체로 변하는 현상이에요. 승화 과정에서는 액체 상태를 거치지 않는다는 것이 대표적인 특징이라고 할 수 있지요. 고체가 기체로 변하는 예로는 드라이아이스를 생각할 수 있어요. 드라이아이스는 고체에서 점점 크기가 작아지는데 바로 기체로 변화하기 때문이죠. 기체에서 고체로 변하는 예로는 추운 날씨 때문에 수증기가 바로 얼어붙어 서리가 되는 현상이 있어요. 또한 다른 물질에 비해 쉽게 승화하는 물질을 승화성 물질이라고 해요. 드라이아이스, 나프탈렌, 요오드 등이 대표적이에요. 하지만 승화성 물질이라고 해서 항상 고체에서 기체로, 기체에서 고체로만 상태가 변하는 것은 아니에요. 온도나 압력 등의 조건에 따라 액체 상태로 존재할 수도 있어요.

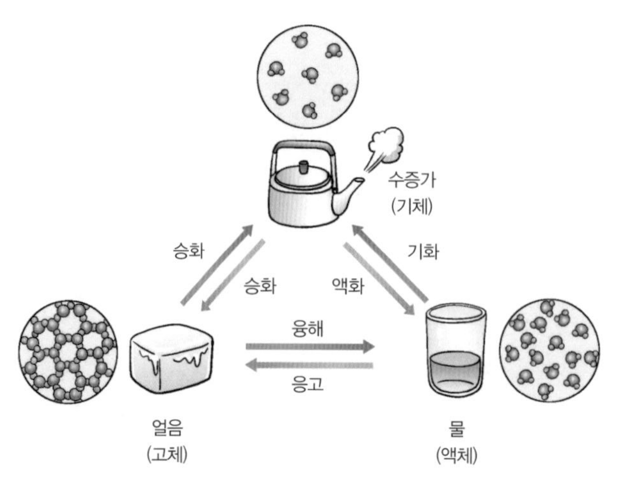

물질의 상태 변화와 에너지

열(熱)에너지 thermal energy	熱(열 열) 에너지: 물질의 상태나 온도를 변화시킬 수 있는 에너지

얼음이 물로 녹는 이유는 열에너지를 흡수하여 얼음의 온도가 높아져서 물로 변하게 되는 것이지요. 이처럼 물질의 상태나 온도를 변화시킬 수 있는 에너지를 열에너지라고 해요. 열에너지를 얻은 물질은 온도가 높아지게 되고, 열에너지를 잃은 물질은 온도가 낮아지게 되는 것이에요.

녹는점(點) melting point 어는점(點) freezing point	녹는 點(점 점): 고체인 물질이 녹아 액체 상태가 되는 온도 어는 點(점 점): 액체 상태의 물질이 고체 상태로 변하는 온도

고체인 물질이 녹아 액체 상태가 되었을 때, 그 때의 온도를 녹는점이라고 해요. 고체 상태인 물질을 가열하게 되면 안에 있는 분자들이 활발하게 움직이게 되어 단단히 붙어있던 물질들이 다 흩어지게 되어 액체 상태로 되는 것이지요. 반대로 액체 상태의 물질이 고체 상태로 변하는 현상을 어는점이라고 하는데, 같은 물질의 어는점과 녹는점은 온도가 같아요.

끓는점(點) boiling point

끓는 點(점 점): 끓는 온도. 액체 상태의 물질이 기체 상태로 변화하는 온도

액체 상태의 물질이 기체 상태로 변화하는 온도를 끓는점이라고 해요. 물질마다 끓는점이 다 다르고, 외부의 압력에 따라 변화하기도 하지요. 높은 산에서 밥을 하면 설익는 이유는, 높이 올라가면 대기압이 낮아져서 끓는점이 낮아지기 때문에 밥이 잘 익지 못하기 때문이에요.

융해열(融解熱)

融(녹을 융) 解(풀 해) 熱(열 열): 고체 상태의 물질이 같은 온도의 액체로 바뀌기 위해서 필요한 열량

얼음이 열에너지를 흡수하게 되면 얼음의 온도가 높아지게 되어 얼음이 녹아서 물이 되지요. 이처럼 녹는점에서 1g의 고체가 모두 액체 상태로 변할 때 필요한 에너지를 융해열이라고 해요. 반대로 액체 상태의 물질이 고체 상태로 되려면 열에너지를 방출해야 해요. 즉, 1g의 액체가 모두 고체 상태로 변할 때 방출하는 에너지를 응고열이라고 하는데, 같은 온도나 압력 조건에서는 융해열과 응고열은 같아요.

예를 들면, 0℃의 얼음이 녹아 0℃의 물이 되는 과정을 융해라 하는데, 얼음이 융해하기 시작하는 온도를 융해점이라 하고 물의 경우에는 0℃가 돼요. 또 융해점에서 단위 질량의 얼음이 융해해야 같은 온도의 액체로 되는데 이때 필요한 열량이 융해열이에요. 얼음의 융해열은 약 80cal로, 이것은 많은 물질의 융해열 중에서도 비교적 큰 편이에요.

기화열(氣化熱)

氣(공기 기) 化(될 화) 熱(열 열): 기화될 때 흡수하는 열에너지

끓는점에서 1g의 액체가 모두 기체가 되기 위해 필요한 에너지를 기화열이라고 해요. 반대로 기체 상태의 물질이 액체 상태로 되려면 열에너지를 방출해야 하지요. 끓는점에서 1g의 기체가 모두 액체 상태로 변할 때 방출하는 에너지를 액화열이라고 하는데, 액화열과 기화열도 같은 온도와 압력 조건에서는 같다는 것을 기억해 두세요. 물은 기화열이 크기 때문에 더운 여름날 땀을 흘려 체온을 조절할 수 있고, 모닥불에 물을 뿌리면 물이 증발하면서 기화열을 빼앗아 가므로 온도가 발화점 이하로 낮아져 불이 꺼져요.

분자(分子)molecule

分(나눌 분) 子(접미사 자): 물질의 성질을 가진 가장 작은 알갱이

분자는 물질의 성질을 가진 가장 작은 알갱이에요. 분자는 우리 맨눈으로는 볼 수가 없고, 현미경을 통해서 관찰이 가능한데, 고체, 액체, 기체 모두 관찰될 수 있다는 것이 특징이지요.

결정(結晶)crystal

結(맺을 결) 晶(결정 정): 고체가 일정한 규칙에 따라 이루어져 있는 물질

수정은 육각기둥 모양의 결정이 뚜렷한 광물인데, 이 수정처럼 고체가 일정한 규칙에 따라 이루어져 있는 물질들을 결정이라고 해요. 하지만 모든 고체가 일정한 규칙을 이루지는 않지요. 일정한 규칙이 없는 물체를 비결정이라고 해요. 즉 물체에 일정한 규칙이 있는 물질은 결정이고, 물체에 일정한 규칙이 없는 물질은 비결정이에요.

분자 모형(分子模型) molecular model

分(나눌 분) 子(접미사 자) 模(본뜰 모) 型(모형 형): 분자를 나타낼 수 있는 모형들. 분자가 물질을 이루고 있는 모습을 설명하기 위해서 모형이나 그림을 통해 표현한 것

분자의 크기는 매우 작아 맨눈으로는 볼 수가 없어요. 그래서 분자가 물질을 이루고 있는 모습을 설명하기가 어려워 이를 쉽게 설명하기 위해 모형이나 그림을 통해 표현한 것이 바로 분자 모형이지요. 분자 모형은 실제 분자 모양과는 똑같지 않고 이것을 설명하는 것에는 한계가 따르지만, 이해를 보다 쉽게 할 수 있도록 도와줘요. 고체 상태의 물체에서는 규칙성이 있기 때문에 압력을 주어도 잘 변화하지 않아요. 액체 상태의 분자들은 고체보다 불규칙하게 배열되어 있고, 기체 상태에서는 분자 사이의 거리가 멀어서 분자 사이의 인력이 거의 없다고 봐도 돼요.

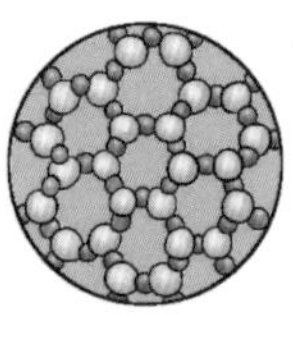
고체

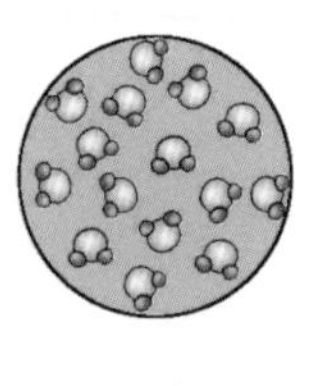
액체

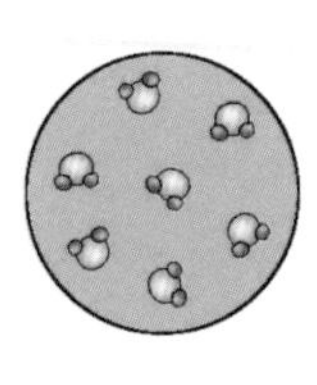
기체

04 | 압력과 온도에 따른 기체의 부피 변화

하늘 위로 올라가는 헬륨 풍선은 올라갈수록 대기압이 작아져서 풍선 속 기체의 부피가 커지다가 결국에는 터져버린다. 그리고 찌그러진 탁구공을 뜨거운 물에 넣으면 탁구공이 부풀어 오른다. 기체의 부피는 압력, 온도와 어떤 관계가 있는 것일까?

압력(壓力)pressure	壓(누를 압) 力(힘 력): 누르는 힘. 작용하는 물체와 물체의 접촉면 사이에 작용하는 서로 수직으로 미는 힘을 면적으로 나눈 것

압력과 힘은 같다고 생각하는데 사실 그것은 달라요. 압력은 작용하는 물체와 물체의 접촉면 사이에 작용하는 서로 수직으로 미는 힘을 면적으로 나눈 것을 뜻하지요.

$$\text{압력} = \frac{\text{작용하는 힘의 크기(N)}}{\text{힘을 받는 면의 넓이}(m^2)}$$

압력의 크기는 접촉면의 넓이에 작용하는 힘의 크기에 따라 달라져요. 접촉면의 넓이가 같으면 작용하는 힘의 크기에 따라 압력이 달라지고, 힘의 크기가 같으면 접촉면의 넓이가 작을수록 압력이 커지게 되지요. 실생활에서 살펴보면 힘을 받는 접촉면의 넓이를 좁게 하여 압력을 크게 한 경우에는 못, 바늘, 주사바늘의 끝 부분 등이 있어요. 또 힘을 받는 접촉면의 넓이를 넓게 하여 압력을 작게 한 경우에는 스키 등이 있어요.

기체의 압력(氣體-壓力)	氣(공기 기) 體(물질 체) 壓(누를 압) 力(힘 력): 기체 운동으로 인한 압력

기체 분자들은 끊임없이 움직이고 있기 때문에 물체와 충돌하면서 압력이 생겨요. 기체의 양이 많을수록, 운동 속도가 빠를수록 압력이 커지지요. 기체의 양이 같다면 기체가 차지하는 부피가 작은 물체일수록 충돌하는 횟수가 많아지기 때문에 압력이 커지게 되는 거예요.

보일의 법칙(法則)
Boyle's law

보일의 法(법 법) 則(법칙 칙): 기체의 부피와 압력과의 관계. 온도가 일정할 때 기체의 부피와 압력은 반비례한다는 법칙

과학자 보일이 발견한 보일의 법칙은 온도가 일정할 때 기체의 부피와 압력은 반비례한다는 것이에요. 기체에 작용하는 압력이 커지면 부피가 줄어들게 되어 기체 분자들의 충돌하는 횟수가 증가하게 되므로 압력이 증가하게 된다는 것이지요. 반대로 기체에 작용하는 압력이 작아지면 부피가 늘어나게 되므로, 기체 분자들의 충돌 횟수는 감소하게 되고요. 기체의 부피가 2배, 3배 증가하면 압력은 $\frac{1}{2}$배, $\frac{1}{3}$배가 되어 기체의 압력과 부피를 곱한 값은 일정해요.
보일의 법칙의 예로는 '잠수부가 호흡할 때 생기는 공기 방울의 크기는 수면 쪽으로 올라갈 수록 커진다. 헬륨을 넣은 풍선은 하늘로 높이 올라갈수록 크기가 커져서 결국 터지게 된다. 비행기 안에서는 과자 봉지가 부풀어 오른다.' 등이 있어요.

샤를의 법칙(法則)
Charle's law

샤를의 法(법 법) 則(법칙 칙): 기체의 온도와 부피 사이의 관계. 압력이 일정할 때 기체의 부피는 종류에 관계없이 온도가 1℃ 올라갈 때마다 0℃일 때 부피의 $\frac{1}{273}$씩 증가한다는 법칙

과학자 샤를은 압력이 일정할 때 기체의 부피는 종류에 관계없이 온도가 1℃ 올라갈 때마다 0℃일 때 부피의 $\frac{1}{273}$씩 증가한다는 것을 밝혀냈어요. 기체의 온도가 높아질수록 기체 분자들의 운동이 활발해져서 벽에 부딪히는 횟수가 증가하기 때문에 압력이 높아지고, 그 결과 분자들이 차지하는 공간이 넓어져서 부피도 커지게 되지요. 반대로 기체의 온도가 낮아지게 되면 기체의 분자 운동이 느려져서 벽에 부딪히는 횟수도 감소하게 되어 압력이 낮아져서 분자들이 차지하는 공간이 줄어들어 부피가 작아지게 돼요.
샤를의 법칙의 예로는 '찌그러진 탁구공을 뜨거운 물에 넣으면 탁구공이 부풀어 원래의 모양이 된다. 여름철에는 자동차 타이어 속의 공기가 팽창하기 때문에 타이어의 공기를 조금 빼주어야 한다. 열기구 속의 공기를 가열하면 열기구가 위로 올라가게 된다.' 등이 있어요.

2 물질의 구성

우리 주변의 물질들은 무엇으로 이루어져 있을까? 인간은 물질을 이루는 기본 성분이 무엇인지를 밝히기 위해 오래 전부터 노력해 왔다. 탈레스는 만물의 근원을 물이라고 하였고, 데모크리토스는 세상에 존재하는 모든 물질을 계속 쪼개어 나가면 결국 더 이상 쪼갤 수 없는 원자가 남는다고 하였다. 아리스토텔레스는 물, 불, 흙, 공기가 서로 만나고 조화를 이루어 만물을 이룬다고 생각하였다. 연금술사들은 아리스토텔레스의 주장에 기반을 두고 여러 가지 물질을 적당한 비율로 섞으면 다른 물질로 변할 것이라고 생각하였다.

17세기에 들어와서 영국의 과학자 보일은 모든 물질을 이루는 기본 물질이 원소라는 개념을 처음으로 제안하였고, 18세기 프랑스의 과학자 라부아지에는 빛과 열을 포함한 33개의 물질을 원소로 분류하였다. 그 이후 수많은 과학자들에 의해 자연에 존재하는 다양한 원소들이 발견되어 지금까지 알려진 원소의 종류는 110여 가지이다.

01 물질의 구성

원소(元素) | **원자**(原子) | **원자설**(原子說)

02 원소의 표현

원소 기호(元素記號) | **주기율표**(週期律表) | **족**(族) | **주기**(週期) | **금속**(金屬) | **비금속**(非金屬) | **불꽃 반응**(反應) | **스펙트럼**(spectrum) | **연금술**(鍊金術)

03 원자 모형

원자 모형(原子模型) | **원자핵**(原子核) | **전자**(電子)

01 | 물질의 구성

우리 주변의 많은 물질들은 몇 가지 기본 성분으로 이루어져 있는데, 이와 같이 물질을 이루는 기본 성분을 원소라고 한다. 1789년 프랑스의 과학자 라부아지에가 더 이상 나눌 수 없는 물질을 원소로 정의하고, 빛과 열을 포함하여 33가지의 원소를 발표하였다. 반면 두 가지 이상의 원소로 이루어진 순물질은 화합물이라고 한다.

원소(元素)element	元(으뜸 원) 素(본디 소): 물질을 이루는 기본 성분

물질을 이루는 기본 성분을 원소라고 하고, 원소는 다른 물질로 나누어지지 않아요. 과학자 라부아지에가 원소설을 주장하여 원소라는 개념이 생겨났지요. 예를 들어, 물은 산소와 수소로 나누어지지만, 산소와 수소는 더 이상 쪼개지지 않아요. 이 때 산소와 수소를 물을 구성하는 기본 원소라고 할 수 있어요. 지금까지 알려진 원소는 110여 가지이고, 원소는 전류가 잘 흐르는 금속과 전류가 잘 흐르지 않는 비금속으로 분류하는데, 대부분이 금속에 속해요.

원자(原子)atom	原(근원 원) 子(접미사 자): 물질의 근원이 되는 최소 입자

물질을 계속해서 쪼개다 보면 더 이상 나누어지지 않는 입자에 도달하게 되는데, 이것을 바로 원자라고 해요. 물을 예로 들자면 물은 수소 원자 2개와 산소 원자 1개가 결합된 화합물이지요. 이처럼 물 분자를 만드는 각각의 입자를 원자라고 해요.

원자설(原子說)	原(근원 원) 子(접미사 자) 說(말씀 설): 돌턴이 제안한 원자에 대한 가설

원자설은 과학자 돌턴이 제안한 가설이에요. 돌턴은 원자가 물질을 이루는 가장 작은 입자이면서 더 이상 쪼개지지 않는 공과 같은 모양을 하고 있다고 가정을 했지요. 그리고 모든 물질은 더 이상 쪼개지지 않는 작은 입자인 원자로 구성되어 있다고 했어요. 하지만 과학이 발달할수록 돌턴이 말한 가설 중에서 수정해야 할 부분들이 생겼어요. 원자는 더 작은 입자들인 원자핵과 전자로 이루어져 있다는 점과 핵반응을 통해 원자가 더 작은 입자로 쪼개지거나, 다른 원자로 바뀔 수 있다는 것이 밝혀졌지요. 또 같은 원소의 원자라도 질량과 성질이 다른 동위 원소가 발견되었답니다.

02 원소의 표현

스웨덴의 과학자 베르셀리우스는 원소를 나타내는 기호로서 원소 이름의 첫 글자를 알파벳의 대문자로 표현하였다. 오래 전부터 알려진 원소는 라틴어나 그리스어로 나타낸 이름의 첫 글자 또는 첫 글자와 중간 글자를 함께 써서 나타내며, 최근에 알려진 원소는 영어를 사용한다.

원소 기호(元素記號) symbol of element	元(으뜸 원) 素(본디 소) 記(기록할 기) 號(이름 호): 원소들을 알아보기 쉽게 나타낸 기호

원소 기호는 전 세계 모든 사람들이 알아볼 수 있게 약속한 기호를 말해요. 원소 기호를 최초로 사용한 것은 연금술사들이었는데 그 당시에는 알고 있는 원소들이 적었기 때문에 자신만이 알 수 있는 그림이나 표식을 했었지요. 이후 돌턴의 단순화된 기호를 거쳐서 오늘날의 원소 기호를 고안한 사람은 스웨덴의 베르셀리우스예요.

현재의 원소 기호

이름	원소 이름	원소 기호	이름	원소 이름	원소 기호
수소	Hydrogen	H	나트륨(소금)	Natrium(Sodium)	Na
산소	Oxygen	O	규소	Silicon	Si
탄소	Carbon	C	황	Sulfur	S
염소	Chlorine	Cl	알루미늄	Aluminum	Al
질소	Nitrogen	N	아연	Zinc	Zn

주기율표(週期律表) periodic table	週(돌 주) 期(기간 기) 律(법칙 율) 表(표 표): 주기율에 따라 원소를 배열한 표

원소들을 원자 번호 순으로 배열한 것이 주기율표예요. 원자 번호가 증가할 때마다 원소들의 물리적, 화학적 성질이 주기적으로 비슷한 성질을 보여주기도 하지요. 이러한 경향을 주기율이라고 해요. 주기율표를 생각해 낸 사람은 멘델레예프라는 과학자이고, 현재 사용하고 있는 주기율표를 제안한 사람은 모즐리라는 과학자예요.

족(族)group	族(무리 족): 주기율표의 세로줄. 물리적, 화학적 성질이 비슷한 원소들의 모임

주기율표를 보면 세로줄은 족이라고 써져 있지요? 족은 물리적, 화학적 성질이 비슷한 원소들의 모임을 의미한다고 볼 수 있어요. 족의 구성은 1족부터 18족까지 존재하는데, 1족 원소들은 수소를 제외하면 모두 금속 원소인 것이 특징이고, 18족 원소들은 거의 반응하지 않는다는 것이 특징이에요. 1족 원소들을 알칼리 금속이라고도 하고, 18족 원소들은 비활성 기체라고도 불러요. 같은 족에 속하는 원소들은 가장 바깥쪽 전자껍질의 전자 수가 같기 때문에 화학적으로 비슷한 성질을 나타내요.

주기(週期)period	週(돌 주) 期(기간 기): 주기율표의 가로줄

주기율표를 보면 가로줄에는 주기라고 써져 있지요? 주기는 1주기부터 7주기까지 원소가 배열되어 있어요. 예를 들어 수소와 헬륨은 1주기 원소, 리튬에서 네온까지는 2주기 원소라고 해요.

금속(金屬)metal	金(쇠 금) 屬(무리 속): 쇠나 철과 같은 종류

금, 철, 구리 같은 것이 대표적인 금속에 해당되는데, 자연계에서는 약 80여 종이 존재하지요. 금속은 보통 전자를 잃고 양이온이 되기 쉬운 원소들이 속한다고 볼 수 있어요. 금속은 전기를 잘 통하고, 특유의 광택을 지니고 있으며, 열을 잘 전도하고, 충격에 의하여 깨지지 않고, 펴짐성과 늘임성을 가지고 있지요.

비금속(非金屬) non metal	非(아닐 비) 金(쇠 금) 屬(무리 속): 금속이 아닌 물질들

상온에서 고체 또는 기체의 상태를 띠고, 광택이 없으며, 전기전도성이 작아요. 그리고 밀도는 일반적으로 작고, 녹는점 또한 낮아요. 망치로 때렸을 때 잘 부서지고, 가느다란 선 형태로 만들 수 없다는 것이 특징이에요.

불꽃 반응(反應)
flame test

불꽃 反(돌이킬 반) 應(응할 응): 불꽃을 이용해서 원소나 이온을 확인하는 방법

금속 원소나 금속 원소를 포함한 화합물질을 겉불꽃 속에 넣으면 원소의 종류에 따라 특정한 고유의 불꽃색을 나타내요. 이 방법은 실험하기가 쉽고, 화합물의 양이 적어도 그 속에 함유되어 있는 금속 원소의 종류를 쉽게 알아낼 수 있어요. 하지만 이 방법은 주의해야 할 점이 있어요. 금속 원소가 다르지만 불꽃색이 같을 경우가 있어서, 그 때는 스펙트럼을 통해 구분해야 해요. 불꽃 반응의 원리는 축제에서 밤하늘을 현란하게 장식하는 불꽃놀이에도 이용되어, 다양한 물질을 이용하여 다양한 색깔의 빛을 내게 된답니다.

스펙트럼spectrum

빛을 프리즘에 통과시켰을 때 생성되는 색의 띠

햇빛을 프리즘을 통하여 분산시켜 보면 빨간색에서 보라색에 이르는 색깔의 띠를 볼 수 있는데, 이와 같은 색의 띠를 스펙트럼이라고 해요. 이러한 현상은 프리즘에 의한 굴절률이 빛의 파장에 따라 다르기 때문에 일어나는 것이에요.

스펙트럼에는 연속 스펙트럼, 선 스펙트럼이 있어요. 연속 스펙트럼은 햇빛이나 백열등의 빛을 프리즘으로 관찰할 때 나타나는 연속적인 색깔의 띠를 말하지요. 반면에 금속 원소의 불꽃색을 프리즘으로 관찰할 때 나타나는 불연속적인 색깔의 띠는 선 스펙트럼이라고 해요.

연금술(鍊金術)
alchemy

鍊(단련할 연) 金(쇠 금) 術(기술 술): 제련하는 방법. 금이나 은과 같은 값비싼 귀금속을 만들려고 한 화학 기술

옛날의 연금술사들은 납이나 구리와 같은 값싼 금속들을 금이나 은과 같은 값비싼 귀금속으로 만들려고 했었지요. 여러 나라에서 시작되어 약 천년 동안 지속되었던 이 작업은 비록 실패로 끝나고 말았지만, 이 과정에서 여러 가지의 물질들을 발견할 수 있었고, 각종 실험 기구의 개발 등으로 화학의 발전에 많은 기여를 했어요.

03 | 원자 모형

원자는 너무 작아서 눈으로 직접 관찰할 수가 없다. 그래서 눈으로 볼 수 있는 여러 가지 모형으로 설명하면 이해하기 쉽다. 원자 모형으로는 볼트와 너트, 핀과 고리, 스티로폼 구 등이 많이 사용된다.

원자 모형(原子模型) atomic model	原(근원 원) 子(접미사 자) 模(본뜰 모) 型(모형 형): 원자의 구조를 쉽게 볼 수 있게 본뜬 모형

원자의 실제 크기는 너무 작아서 그 내부 구조를 보기가 불가능해요. 그래서 원자의 기본적인 특징들을 설명하기 위해 눈으로 볼 수 있는 구체적인 물체를 이용해서 원자 모형을 만들어 설명하기도 하지요. 화학 반응을 원자 모형으로 나타내면 눈으로 직접 볼 수 있으므로 반응 물질과 생성 물질을 이루는 원자의 종류와 수, 배열 상태 등을 쉽게 알 수 있어요.

원자핵(原子核) atomic nucleus	原(근원 원) 子(접미사 자) 核(핵심 핵): 원자의 중심부를 이루는 입자

원자는 전자와 원자핵으로 구성되어 있어요. 원자핵은 양(+)전하를 띠는 양성자와 전하를 띠지 않는 중성자가 강하게 뭉쳐 있는 부분이에요. 영국의 과학자 러더퍼드는 알파 입자 산란 실험으로 원자 안에는 원자의 질량의 대부분을 차지하고 크기가 10^{-15}m 정도인 원자핵이 존재함을 알아냈어요.

전자(電子) electron	電(전기 전) 子(접미사 자): 전기를 띠는 아주 작은 입자

원자를 구성하는 입자로, 원자의 대부분의 공간을 차지하며 빠르게 운동하고 있어요. 전자는 음(−)전하를 띤 채 원자핵의 주위를 맴돌고 있는 아주 작은 입자지요. 전자는 외부의 영향으로 원자에서 탈출할 수도 있고, 외부에 있던 전자가 들어올 수도 있어요. 그래서 원자는 전자가 빠져나가면 양(+)전하를 띠게 되고, 전자가 들어오면 음(−)전하를 띠게 되지요.

3 우리 주위의 물질

우리 몸을 구성하는 체액은 모두 수용액이며, 여기에는 나트륨 이온, 칼륨 이온, 칼슘 이온, 염화 이온 등이 녹아 있다. 이들 이온은 우리가 생명을 유지하는데 매우 중요한 역할을 한다. 심장이 움직이거나 자극이 전달되는 과정이 전기 신호로 이루어지고, 이 신호가 전달되는 까닭은 체액에 들어 있는 이온들이 이동하기 때문이다.

바닷물에도 나트륨 이온, 마그네슘 이온, 염화 이온, 황산 이온 등이 많이 들어 있다. 바닷물에 들어 있는 이온의 양은 기후나 지역에 따라 차이가 있지만, 오랜 세월에 걸쳐 바닷물이 고르게 섞이므로 이온의 종류와 비율은 어느 곳이나 비슷하다.

01 이온화

이온(ion) | **이온화**(化) | **앙금**(deposit) | **침전**(沈澱) | **앙금 생성 반응(--生成反應)** | **알짜 이온**(ion) · **구경꾼 이온**(ion) | **알짜 이온 반응식**(反應式)

02 전해질과 비전해질

전해질(電解質)·**비전해질**(非電解質) | **강전해질**(强電解質)·**약전해질**(弱電解質)

01 | 이온화

이온은 그리스어로 '가다'라는 의미로, 1833년에 패러데이가 전하를 띤 입자가 이동하는 것을 보고 이름 붙였다. 이온을 나타낼 때는 원소 기호의 오른쪽 위에 전하의 종류와 양을 표시한다. 일반적으로 수소나 금속 원소는 전자를 잃기 쉬워 양이온이 되고, 비금속 원소는 전자를 얻기 쉬워 음이온이 된다.

이온 ion	전기를 띤 원자나 원자단이 전자를 잃거나 얻어서 (+)전하나 (−)전하를 띠는 입자

보통의 원자는 전기적으로 중성이에요. 이때 원자가 전자를 잃거나 얻으면 양(+)전하나 음(−)전하를 띠게 되는데, 이 입자를 이온이라고 해요. 이온이 만들어지려면 전자를 잃거나 얻어야 해요. 원자가 전자를 잃게 되면 (+)전하를 띠게 되어 양이온이라고 하고, 반대로 전자를 얻게 되면 (−)전하를 띠게 되어 음이온이라고 하지요.

이온화(化) ionization	이온 化(될 화): 이온이 되다. 전기적으로 중성인 원자 또는 분자가 전자를 1개 또는 그 이상을 잃게 되어 양이온이 되는 것

전기적으로 중성인 원자 또는 분자가 전자를 1개 또는 그 이상을 잃게 되어 양이온이 되는 것을 이온화라고 해요. 넓은 뜻으로는 양이온이 다시 전자를 상실하여 보다 높은 전하수를 갖는 양이온으로 변하는 과정과 중성의 원자, 분자에 전자가 부착하여 음이온으로 되는 과정도 포함하여 이온화라고 하는데, 고등학교에 올라가면 자세하게 배울 거예요.

앙금 deposit	두 종류의 수용액을 섞었을 때, 수용액 속의 이온들이 반응하여 만들어지는 물에 녹지 않는 화합물

염화나트륨($NaCl$)은 물에 잘 녹아 나트륨 이온(Na^+)과 염화 이온(Cl^-)의 두 가지 이온을 만들고, 질산은($AgNO_3$)도 마찬가지로 물에 녹아 은 이온(Ag^+), 질산 이온(NO_3^-)의 이온 상태로 존재해요. 염화나트륨 수용액과 질산은 수용액을 섞으면, 밑으로 가라앉는 흰색 물질이 생기게 되는데, 이렇게 두 수용액을 섞었을 때 생기는 침전물을 앙금찌꺼기라고 해요. 이처럼 앙금 생성 반응을 이용한다면 용액 속에 어떤 이온이 들어있는지 파악할 수가 있지요.

침전(沈澱)	沈(잠길 침) 澱(앙금 전): 앙금이 가라앉다. 용액 속의 작은 고체가 용액의 바닥에 가라앉아 쌓이는 현상

용액 속의 작은 고체가 용액의 바닥에 가라앉아 쌓이는 현상을 침전이라고 해요. 용질이 포화에 도달해서 용액에서 나타나는 현상과도 같아요.

앙금 생성 반응 (--生成反應)	앙금 生(날 생) 成(이룰 성) 反(돌이킬 반) 應(응할 응): 두 가지 물질을 섞었을 때 물에 녹지 않는 새로운 물질(앙금)이 생기는 반응

두 용액을 섞었을 때 각 수용액에 들어 있는 특정 이온들이 결합하면서 앙금을 생성하는 반응을 앙금 생성 반응이라고 해요. 몇몇 이온들은 독특한 색깔의 앙금을 만들기도 하는데, 이러한 성질을 이용하면 수용액에 들어 있는 이온의 종류를 알 수가 있지요.

알짜 이온ion 구경꾼 이온ion	실제로 반응한 이온 구경한 이온

알짜라는 뜻은 가장 중요하거나 훌륭한 것을 뜻하는 말이지요. 말 그대로 알짜 이온은 이온 중에서도 중요한 이온으로, 실제로 반응에 참여한 이온을 뜻해요. 구경꾼 이온은 반응에 직접 참여하지 않고 반응계에 들어 있는 이온을 뜻해요. 실제로 반응에 참여하지 않은 이온이에요.

알짜 이온 반응식 (反應式)	反(돌이킬 반) 應(응할 응) 式(법 식): 알짜 이온으로 구성된 화학 반응식

수용액 중의 이온 사이의 반응에서 실제로 반응한 이온만을 화학 반응식에 나타낸 식을 알짜 이온 반응식이라고 해요.

02 | 전해질과 비전해질

고체 상태의 소금과 설탕물에서는 전류가 흐르지 않지만 소금물에서는 전류가 흘러 전구에 불이 들어온다. 왜 그럴까?

전해질(電解質)	電(전기 전) 解(풀 해) 質(물질 질): 물에 녹아 전기가 통하는 물질들
비전해질(非電解質)	非(아닐 비) 電(전기 전) 解(풀 해) 質(물질 질): 물에 녹아 수용액 상태일 때 전류가 흐르지 않는 물질

물에 녹아서 수용액 상태가 되었을 때 전압을 걸어주면 전류가 흐르는 물질이 전해질이에요. 어떤 물질에 전류가 흐르려면 전하를 띤 입자가 자유롭게 움직이면서 전하를 운반해야 해요. 전해질은 대부분 고체 상태에서도 (+)전하와 (−)전하를 띤 입자로 이루어져 있지만, 전기적 인력에 의해 입자들이 강하게 결합되어 있기 때문에 입자들이 자유롭게 움직이지 못하는 이유가 되지요. 그래서 고체 상태에서는 전류가 흐르지 않지만 전해질이 물에 녹으면 (+)전하와 (−)전하를 띤 입자로 나뉘면서 전류를 흘려주면 (+)전하는 (−)전하를 따라 이동하고, (−)전하는 (+)전하를 따라 이동하게 되는 것이지요. 이렇게 전하를 운반하기 때문에 전류가 흐르는 것이에요. 이에 반해 비전해질은 물에 녹았을 때 전하를 띠는 입자인 이온으로 나누어지지 않는다는 것이 특징이에요. 중성인 분자 상태로 존재하기 때문에 물에 녹아도 전류가 흐르지 않지요. 비전해질의 예로는 설탕, 알코올, 요소, 녹말 등이 있어요.

강전해질(强電解質)	强(강할 강)전해질: 강한 전해질. 물에 녹아 수용액이 되었을 때 전류가 세게 흐르는 물질
약전해질(弱電解質)	弱(약할 약)전해질: 약한 전해질. 물에 녹아 수용액이 되었을 때 전류가 약하게 흐르는 물질

강전해질은 물에 녹아 수용액이 되었을 때 전류가 세게 흐르는 물질을 말하지요. 강전해질은 물에 녹았을 때 용해된 물질의 대부분이 (+)전하를 띤 입자와 (−)전하를 띤 입자로 나누어지기 때문에 수용액 속에 전하를 띤 입자가 많이 존재해요. 그래서 같은 부피 안에 전하를 띤 입자가 많아서 전류가 세게 흐르는 것이지요. 이에 반해 물에 녹아 수용액이 되었을 때 전류가 약하게 흐르는 물질을 약전해질이라고 해요. 약전해질은 강전해질과 반대로 일부분만 (+)전하를 띤 입자와 (−)전하를 띤 입자로 나누어지기 때문에 수용액 속에 전하를 띤 입자가 강전해질에 비해서는 적게 존재해요.

4 물질의 특성

물질의 물리적 성질을 측정하면 그 물질이 어떤 것인지 알 수 있는 경우가 많다. 이러한 물리적 성질로는 색, 냄새, 밀도, 용해도, 녹는점, 끓는점 그리고 상온에서의 상태(기체, 액체, 고체) 등을 들 수 있다. 예를 들면, 구리는 그 색과 경도(딱딱하고 무른 정도)를 가지고 식별할 수 있다. 그리고 다른 물리적 성질을 더 측정하면 구리가 얼마나 순수한가도 알아낼 수 있다. 또한 소금은 물에는 잘 녹지만 휘발유와 같은 유기 용매에는 잘 녹지 않는데, 그 이유는 용매에 따른 용해도가 다르기 때문이다.

01 물질의 특성

크기 성질(性質) | **세기 성질**(性質) | **특성**(特性) | **겉보기 성질**(性質) | **끓는점**(點) | **녹는점**(點)· **어는점**(點) | **밀도**(密度) | **용해**(溶解) | **용질**(溶質) | **용매**(溶媒) | **용액**(溶液) | **용해도**(溶解度) | **포화 용액**(飽和溶液)

02 순물질과 혼합물

순물질(純物質) | **홑원소 물질**(-元素物質) | **화합물**(化合物) | **공유 결합**(共有結合) | **공유 전자쌍**(共有電子雙) | **이온 결합**(結合) | **화학식**(化學式) | **혼합물**(混合物) | **균일 혼합물**(均一混合物) | **불균일 혼합물**(不均一混合物) | **증류**(蒸溜) | **분별 증류**(分別蒸溜) | **분별**(分別) **깔때기** | **거름**(filtration) | **추출**(抽出) | **재결정**(再結晶) | **분별 결정**(分別結晶) | **크로마토그래피**(chromatography)

01 | 물질의 특성

물이나 양초를 가열하거나 식히면 상태는 변하지만 성질이 달라지지는 않는다. 이와 같이 물질이 변화할 때 모양이나 크기 또는 상태가 변하더라도 그 물질의 고유한 성질이 변하지 않는 것을 물리 변화라고 한다. 반면에 철이 녹스는 것은 물질이 변화할 때 처음의 물질과 전혀 다른 새로운 물질로 바뀌는 것이므로 화학 변화라고 한다.

크기 성질(性質) extensive property	크기 性(성질 성) 質(바탕 질): **물질의 양에 비례하는 성질**

물질의 성질은 크기 성질과 세기 성질로 구분해요. 물질의 양에 비례하는 성질을 크기 성질이라고 하고, 크기 성질의 대표적인 예로는 질량, 부피, 내부 에너지 등이 있어요.

세기 성질(性質) intensive property	세기 性(성질 성) 質(바탕 질): **물질의 양과 관계가 없는 성질**

물질의 양과 관계가 없는 성질을 세기 성질이라고 하고, 세기 성질의 대표적인 예로는 압력, 온도, 밀도 등이 있어요.

특성(特性) characteristic	特(특별할 특) 性(성질 성): **물질의 특수한 성질**

물질마다 제각각 다른 특성을 가지고 있어요. 소금을 맛보면 짠맛, 설탕을 맛보게 되면 단맛이 나는 것처럼 우리 주변의 여러 물질들은 독특한 특성을 가지고 있지요. 그러한 성질들을 이용해서 물질들을 구별하고 구분할 수가 있어요.

겉보기 성질(性質)	겉보기 性(성질 성) 質(바탕 질): **겉으로 보았을 때의 성질**

사람의 감각으로 쉽게 알아낼 수 있는 성질로 색, 결정 모양, 냄새, 촉감 등이 속해요. 각각에 해당하는 예를 들면, 금의 경우엔 노란색으로, 소금은 정육면체 결정 모양으로, 아세트산은 식초 냄새로, 비단은 부드러운 촉감으로 알 수 있어요.

끓는점(點) boiling point

끓는 點(점 점): 끓을 때 일정하게 유지되는 온도

액체를 계속 가열하면서 온도를 측정하면 온도가 일정하게 유지되는 구간이 있는데, 이 지점을 끓는점이라고 해요. 액체가 끓어서 기체로 기화되는 동안에 가한 열에너지가 모두 기화되기 때문에 온도가 유지되는 것이지요. 끓는점은 물질마다 다르기 때문에 물질을 구별하는 특성이 되는 것이에요.

녹는점(點)
어는점(點)

녹는 點(점 점): 녹기 시작하는 온도

어는 點(점 점): 얼기 시작하는 온도

녹는점은 물질을 가열하면서 온도를 측정했을 때 온도가 일정하게 유지되는 구간이고, 어는점은 물질을 냉각시킬 때 온도가 일정하게 유지되는 구간이에요. 끓는점과 마찬가지로 가한 열에너지가 모두 물질의 상태 변화에 사용되기 때문에 온도가 일정하게 유지되는 것이지요. 고체가 녹기 시작해서 액체로 되는 온도는 녹는점, 액체가 얼기 시작해서 고체로 되는 온도를 어는점이라고 해요. 순수한 물질은 녹는점과 어는점이 같아요.

밀도(密度) density

密(빽빽할 밀) 度(정도 도): 빽빽한 정도. 물질을 일정한 부피로 하여 측정한 질량

물질을 일정한 부피로 하여 측정한 질량으로 공식은 다음과 같아요.

$$\text{밀도} = \frac{\text{질량}}{\text{부피}}$$

단위는 g/㎤, kg/㎥를 사용해요. 밀도가 물질마다 다른 이유는 물질을 이루는 입자의 조밀한 정도와 입자의 질량이 서로 다르기 때문이지요. 물질이 같은 입자로 이루어져 있을 때는 입자가 조밀하게 배열되어 있을수록, 조밀도가 같을 때에는 같은 부피에 들어 있는 입자의 질량이 클수록 밀도가 커지게 돼요.

용해(溶解) dissolution	溶(녹을 용) 解(풀 해): 녹아내리다. 한 물질이 다른 물질에 녹아 고르게 섞이는 현상

한 물질이 다른 물질에 녹아 고르게 섞이는 현상으로, 시간이 지나도 섞인 것이 가라앉거나 한 곳으로 몰리지 않아요. 예를 들면, 설탕을 물에 녹이면 고르게 섞여 설탕물이 만들어지며 시간이 지나도 설탕이 가라앉지 않아요.

용질(溶質) solute	溶(녹을 용) 質(물질 질): 녹는 물질. 액체끼리 혼합한 물질일 경우에는 양이 많은 액체를 용매, 양이 적은 액체를 용질이라 함.

녹는 물질로, 설탕물에서 설탕이 용질에 속하지요. 이처럼 소금, 황산구리, 백반, 사이다에 녹아 있는 이산화탄소 기체 등은 모두 녹을 수 있는 물질로, 용질에 해당돼요. 액체끼리 혼합한 물질일 경우에는 양이 많은 액체를 용매, 양이 적은 액체를 용질이라고 해요.

용매(溶媒) solvent	溶(녹을 용) 媒(매개 매): 녹이게 하는 물질. 물질을 녹이는 물질

용매란 물질을 녹이는 물질을 말하는데, 용매의 종류에 따라 용액을 부르는 이름이 달라지게 되지요. 용매로 물을 사용하면 수용액이라고 불러요. 예를 들면 염화나트륨을 물에 녹였다면 용질은 염화나트륨, 용매는 물, 두 물질이 섞여서 만들어진 용액은 염화나트륨 수용액이 되는 거예요.

용액(溶液) solution	溶(녹을 용) 液(진액 액): 녹아 있는 액체. 용해에 의해 생긴 균일한 혼합물

용해에 의해 생긴 균일한 혼합물로, 용질이 용매 속에 용해되어 만들어진 물질이지요. 용질은 설탕처럼 다른 물질에 녹아들어 가는 물질이고, 용매는 물처럼 다른 물질을 녹이는 물질이에요. 보통 용매는 액체이고 용질은 고체이지만 때로는 용질이 액체일 수도 있어요.

용해도(溶解度)
solubility

溶(녹을 용) 解(풀 해) 度(정도 도): 녹아서 풀려 있는 정도. 일정 온도에서 용매 100g에 녹는 용질의 g수

용질이 용매에 녹을 때 일정한 온도에서 용매에 녹을 수 있는 용질의 양에는 한계가 있어요. 이와 같이 일정 온도에서 용매 100g에 녹는 용질의 g수를 용해도라고 해요. 용해도도 밀도처럼 물질에 따라 다르기 때문에 물질의 특성이 되지요. 용해도는 같은 용질이라도 어떤 용매에 녹이느냐에 따라 달라지게 돼요. 또한 같은 용매에 녹이더라도 용매의 온도에 따라 분자들의 활발한 정도가 다르기 때문에 용해도가 달라지게 돼요.

포화 용액(飽和溶液)
saturated solution

飽(가득 찰 포) 和(화할 화) 溶(녹을 용) 液(진액 액): 더 이상 녹을 수 없는 상태의 용액

어떤 온도에서 용매에 용질이 최대로 녹아 있어, 더 이상 녹일 수 없는 상태의 용액을 말해요. 즉 최대한 녹을 수 있는 한계에 다다른 용액을 포화 용액이라고 해요. 한계를 이르지 않고 더 녹을 수 있는 용액은 불포화 용액이고, 녹을 수 있는 한계보다 더 많은 용질을 포함한 용액을 과포화 용액이라고 하지요.

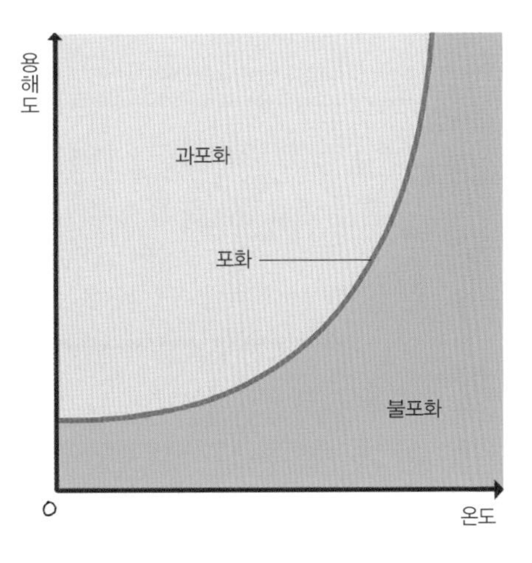

물질의 용해도는 온도가 올라감에 따라 증가하고, 온도가 내려감에 따라 감소해요. 60℃에서 붕산이 더 이상 녹지 않고 포화 상태가 될 만큼 녹인 후 천천히 10℃의 온도로 낮추어주면, 붕산 가루가 하얗게 생기면서 밑으로 가라앉아요. 즉 포화 용액은 온도와 관계가 깊어요.

02 | 순물질과 혼합물

소금물은 눈으로 보기에 일반 물과 차이가 없어 보이지만 물을 증발시키면 소금이 남는다. 소금물은 소금과 물이 각각의 성질을 그대로 가진 채로 섞여 있는 것이다. 이와 같이 두 종류 이상의 순물질이 본래의 성질은 변하지 않고 단순히 섞여 있는 물질을 혼합물이라고 한다.

순물질(純物質) pure substance	純(순수할 순) 物(물건 물) 質(물질 질): 다른 물질이 섞이지 않은 순수한 물질

순물질은 다른 물질이 섞이지 않고 순수한 물질로만 된 것으로, 수소, 산소, 물 등이 순물질의 예라고 할 수 있어요. 순물질은 물질의 특성, 즉 끓는점, 어는점, 녹는점, 밀도 등이 같다는 것을 의미해요. 순물질은 물질을 이루고 있는 원소의 개수에 따라 다시 홑원소 물질과 화합물로 나눌 수 있어요.

홑원소 물질(-元素物質) simple substance	홑 元(으뜸 원) 素(본디 소) 物(물건 물) 質(물질 질): 한 가지 원소로만 되어 있는 물질

순물질 중 한 가지 원소로만 되어 있는 물질을 홑원소 물질이라고 해요. 같은 종류의 원소로 이루어진 홑원소 물질을 동소체라고 하고요. 산소의 동소체는 산소와 오존이 있고, 탄소의 동소체에는 다이아몬드, 흑연, 플러렌 등이 있어요.

화합물(化合物) compound	化(변화 화) 合(합할 합) 物(물건 물): 두 종류 이상의 물질들이 합쳐져서 만들어진 새로운 물질

화합물은 말 그대로 합쳐져서 만들어진 물질, 즉 두 종류 이상의 물질들이 일정한 비율로 결합해서 만들어진 새로운 물질이에요. 열, 촉매, 전기 등으로 화학적인 방법을 통해서 분해할 수 있는 물질을 화합물이라고 해요. 화합물은 그 구성을 살펴보면 여러 종류의 물질로 이루어진 것처럼 보이지만, 혼합물과 달리 여러 물질들이 단순하게 섞여 있는 것이 아니라 화학적 결합을 통해 하나의 새로운 물질을 만들어낸 것이기 때문에 순물질에 속해요.

예를 들어, 소금(Nacl)의 경우 나트륨 원자와 염소 원자에 의해 만들어진 물질이지만 나트륨과 염소의 성질을 가지고 있지 않아요. 두 원자가 화학적으로 결합하여 전혀 다른 새로운 물질인

Nacl을 만들어낸 것이에요. 즉 소금은 Na와 Cl의 두 종류로 이루어져 있는 것이 아니라 Nacl 이라는 한 종류의 물질로 이루어진 것이죠.

공유 결합(共有結合) covalent bond	共(함께 공) 有(있을 유) 結(맺을 결) 合(합할 합): 2개의 원자가 서로 전자를 내놓아 전자쌍을 만들고, 이것을 공유함으로써 이루어지는 결합

화합물은 구성 원자들이 단순히 결합해서 생기는 것이 아니라 이온들이 결합하거나, 두 원자가 전자를 하나씩 내놓고 그 전자들을 공유함으로써 생겨요. 이런 화학 결합을 각각 이온 결합, 공유 결합이라고 해요. 공유 결합은 2개의 원자가 서로 전자를 내놓아 전자쌍을 만들고, 이것을 공유함으로써 이루어지는 결합을 말해요. 공유 결합은 대부분이 비금속 원소들 사이에서 이루어져요. 공기는 질소, 산소, 이산화탄소 등으로 이루어져 있는데, 이 물질들은 모두 원자들 사이의 공유 결합으로 생성된 분자예요. 이외에도 공유 결합에 의해 형성된 물질로 다이아몬드와 흑연도 있어요.

공유 전자쌍(共有電子雙)	共(함께 공) 有(있을 유) 電(전기 전) 子(접미사 자) 雙(두 쌍): 두 원자가 공유 결합을 할 때, 각각의 원자가 내놓아 공유하게 되는 전자쌍

전자쌍이란 두 개씩 짝을 이루는 전자를 말하는데, 공유 전자쌍은 두 원자가 공유 결합을 할 때, 각각의 원자가 내놓아 공유하게 되는 전자쌍을 말해요. 두 원자 사이의 공유 전자쌍이 한 쌍이면 단일 결합, 두 쌍이면 이중 결합, 세 쌍이면 삼중 결합이라고 해요.

이온 결합(結合) ionic bond	이온 結(맺을 결) 合(합할 합): 이온끼리의 결합

전자를 잃어서 생긴 양이온과 전자를 얻어서 생긴 음이온이 서로 끌려가 생성되는 결합을 이온 결합이라고 해요. 이온 결합은 전자를 잃기 쉬운 금속 원소와 전자를 얻기 쉬운 비금속 원소 사이에 잘 형성되지요. 이처럼 양이온과 음이온 사이의 정전기적인 인력에 의해 형성된 결합을 이온 결합이라고 해요.

화학식(化學式)
chemical formula

化(변화 화) 學(배울 학) 式(법 식): 원소 기호를 통해 원자, 분자 등을 나타낸 식

원소 기호를 사용하여 화합물을 나타낸 것이 화학식이에요. 화학식에는 분자식, 실험식, 시성식 등이 존재하는데, 화학식을 분석하게 되면 화합물을 구성하는 성분 원소의 종류, 구성 원소의 질량 등을 알 수 있어요. 이 질량을 각각의 원소의 원자량으로 나누면 몰수까지 얻을 수 있어요. 구성 원소의 몰수를 화학식으로 나타낸 것이 실험식이고요. 너무 어렵죠? 고등학교에 가면 자세히 배울 거예요.

혼합물(混合物)
mixture

混(섞을 혼) 合(합할 합) 物(물건 물): 두 가지 이상의 순수한 물질이 섞여 있는 물질

두 가지 이상의 순수한 물질이 섞여 있는 물질을 혼합물이라고 해요. 혼합물과 화합물의 개념은 혼동되기 쉬운 개념이지만, 아주 큰 차이가 있어요. 혼합물은 여러 물질들이 단순히 섞여 있는 형태지만, 화합물은 화학적인 결합을 통해 새로운 물질을 만들어낸 형태이기 때문에 순물질에 해당한다고 볼 수 있어요.
예를 들어 산소, 질소, 이산화탄소 등 여러 가지 순수한 기체가 섞여서 이루어진 공기는 혼합물이라고 할 수 있어요. 혼합물은 순물질과 달리 일정한 특징을 가지지 않아요.

균일 혼합물(均一混合物)

均(고를 균) 一(한 일) 混(섞을 혼) 合(합할 합) 物(물건 물): 고르게 하나로 섞여진 물질

혼합물 중에서 순수한 각 성분 물질이 고르게 섞여 있어서 어느 부분이나 성질이 같은 혼합물을 말해요. 공기, 설탕물, 암모니아수, 도시가스 같은 것들이 바로 균일 혼합물이라고 할 수 있지요.

불균일 혼합물(不均一混合物)

不(아닐 불) 均(고를 균) 一(한 일) 混(섞을 혼) 合(합할 합) 物(물건 물): 고르지 않게 섞여진 물질

균일 혼합물과는 반대되는 개념으로, 각 성분 물질이 고르게 섞여 있지 않아 부분에 따라 각 물질들이 섞여 있는 정도가 다른 혼합물을 말해요. 흙탕물의 경우 물 입자들과 흙 입자들이 섞여 있는데, 흙 입자에는 아주 작아 눈에 잘 보이지 않는 것부터 큰 입자들까지 포함되어 있어요. 화강암, 콘크리트, 우유 등도 불균일 혼합물에 해당해요.

증류(蒸溜)

蒸(찔 증) 溜(방울져 떨어질 류): 용액을 가열하여 나오는 기체를 냉각시켜서 순수한 액체를 얻는 방법

어떤 용질이 녹아있는 용액을 가열하여 얻고자 하는 액체의 끓는점에 도달하면 기체 상태의 물질이 생겨요. 이를 다시 냉각시켜 액체 상태로 만들고 이를 모으면 순수한 액체를 얻어낼 수 있는데, 이러한 과정을 증류라고 해요.

분별 증류(分別蒸溜)

分(나눌 분) 別(나눌 별) 蒸(찔 증) 溜(방울져 떨어질 류): 휘발성 혼합물을 끓는점이 다른 점을 이용하여 각 성분 물질로 분리하는 방법

서로 잘 섞이는 액체가 두 가지 이상 섞여 있다면 각 액체의 끓는점을 이용해서 분리할 수 있어요. 물과 에탄올이 섞여 있는 혼합물을 서서히 가열하면 끓는점이 낮은 에탄올이 먼저 기체가 되어 나오면서 물과 에탄올이 분리될 거예요. 분별 증류가 가장 잘 이용된 예는 원유의 분리에요. 원유는 높은 정유탑에서 가열을 하면 먼저 프로판가스가 나오고 가솔린, 등유, 경유, 중유가 나오고 마지막으로 아스팔트, 즉 찌꺼기가 남는 것이지요.

분별(分別) 깔때기	分(나눌 분) 別(나눌 별) 깔때기: 나누는 깔때기. 여러 성분이 섞여 있는 임의의 용액 속에서 원하는 물질을 추출할 때 사용하는 도구

여러 성분이 섞여 있는 임의의 용액 속에서 원하는 물질을 추출할 때 사용하는 도구예요. 성분을 포함한 용액과 섞이지 않으면서 원하는 물질을 잘 녹이는 용매를 이용하여 원하는 물질을 추출할 때 사용되지요.

거름 filtration	걸러서 혼합물을 분리하는 방법

고체와 고체가 섞여 있는 혼합물에 한 물질만을 녹일 수 있는 용매를 사용하면 녹을 수 있는 고체 물질은 용매에 녹고, 다른 고체 물질은 그대로 용액 속에 남아 있게 되는 거예요. 이러한 성질을 이용해서 물에 녹는 물질과 물에 녹지 않는 물질을 분리하는 방법이 바로 거름이라고 할 수 있지요.

예를 들면, 소금과 나프탈렌이 섞여 있을 때, 여기에 물을 넣으면 소금만 물에 녹고 나프탈렌은 녹지 않아요. 이를 거름종이에 거르면 거름종이에는 나프탈렌만 남아요. 그리고 소금물을 증발시키면 소금을 얻을 수 있어요.

추출(抽出) extraction	抽(뽑아낼 추) 出(날 출): 뽑아내다. 혼합물 중에서 특정한 것만 녹이는 용매를 이용해서 분리하는 방법

추출은 여러 가지의 혼합물 중에서 특정한 것만 녹이는 용매를 이용해서 분리하는 방법이에요. 예를 들면 옷에 기름때가 묻으면 아세톤 같은 휘발성 물질을 이용해서 얼룩을 제거하는 것이지요.

재결정(再結晶)
recrystalization

再(다시 재) 結(맺을 결) 晶(결정 정): 다시 결정을 만들다.
소량의 불순물이 섞여 있을 때 이를 제거하는 방법

소량의 불순물이 섞여 있을 때 이를 제거하는 방법이에요. 고체 물질을 고온으로 녹인 다음 냉각시키면 용해도의 차이에 의해서 물질의 결정이 각각 다른 온도에서 생기는데, 이것을 거름종이에 거르면 서로 분리가 돼요.

분별 결정(分別結晶)

分(나눌 분) 別(나눌 별) 結(맺을 결) 晶(결정 정): 온도에 따른 용해도의 차를 이용하여 두 성분 이상의 용질을 분리, 정제하는 방법

고체의 용해도는 온도에 따라 달라지며, 온도에 따른 용해도의 변화율은 물질에 따라 큰 차이를 보여요. 온도에 따른 용해도의 변화가 큰 물질과 온도에 따른 용해도의 변화가 작은 물질이 섞여 있을 때, 두 물질의 혼합물을 높은 온도에서 모두 용해시킨 후 냉각시키면 온도에 따른 용해도의 변화가 큰 물질만 결정으로 석출이 되지요. 이와 같은 방법으로 혼합물을 분리하는 방법을 분별 결정이라고 해요.

크로마토그래피
chromatography

속도의 차이를 이용해서 물질을 분리하는 방법

몇 가지 물질이 섞인 혼합물이 용매와 함께 흡착제를 이동할 때 각 물질의 이동 속도가 달라요. 이 속도는 각 성분의 질량, 흡착되는 정도 등에 따라 다르며 이 속도를 이용해서 물질을 분리하고 식별하는 것이 크로마토그래피예요. 크로마토그래피의 종류에는 종이 크로마토그래피(거름종이), 얇은 막 크로마토그래피, 관 크로마토그래피 등이 있어요.

5 화학 반응

대표적인 화학 반응에는 중화 반응과 산화-환원 반응이 있다. 중화 반응이란 산의 수소 이온과 염기의 수산화 이온이 반응하여 물이 생성되는 반응이다. 그 예로는 제산제에 들어 있는 염기성 물질이 위산과 중화 반응을 일으켜 속쓰림을 치료한다거나, 치약에 들어 있는 염기성 물질이 입 속의 산성 물질을 중화하는 것이 있다.

산소와 결합하는(또는 화학 반응에서 전자를 잃는) 산화 반응에는 빠르게 진행되는 반응인 연소와 서서히 진행되는 반응인 부식이 있다. 산화와 반대로 산소를 잃는(또는 화학 반응에서 전자를 얻는) 반응은 환원이라고 한다. 산화와 환원은 항상 동시에 일어나므로 산화-환원 반응이라고 부른다. 그 예로는 생물의 호흡, 식물의 광합성, 철의 부식 등이 있다.

01 여러 가지 화학 반응

산(酸) | **염기**(鹽基) | **중화 반응**(中和反應) | **지시약**(指示藥) | **산화**(酸化) | **환원**(還元)

02 화학 반응에서의 규칙성

물리적 변화(物理的變化) | **화학적 변화**(化學的變化) | **일정 성분비 법칙**(一定成分比法則) | **배수 비례 법칙**(倍數比例法則) | **질량 보존 법칙**(質量保存法則) | **화합**(化合) | **분해**(分解) | **치환**(置換)

01 | 여러 가지 화학 반응

화학 반응은 우리 주변에서 끊임없이 일어나고 있다. 철이 녹스는 부식 현상, 깎아 놓은 과일이 갈색으로 변하는 갈변 현상, 관상용 나무인 수국이 토양의 성질에 따라 꽃 색깔이 달라지는 현상 등이 모두 화학 반응인데, 그 원리는 무엇일까?

산(酸) acid	酸(실 산): 물에 녹아 산성을 나타내는 물질

식초가 신맛을 내는 이유는 바로 젖산이나 아세트산 같은 산성의 물질들이 들어 있기 때문이지요. 하지만 신맛으로만 산이라고 하기는 어려워요. 물에 녹았을 때 산성을 띠는 물질을 산이라고 하는데, 모든 산은 물에 녹아 수소 이온(H^+)을 내놓아요. 산은 강산과 약산으로 분류하는데, 물에 녹아 수소 이온을 많이 내놓는 물질이 강산이고, 반대로 이온화가 잘 되지 않아 적게 내놓는 물질이 약산이에요. 일반적으로 강산에는 염산, 질산, 황산이 있고, 약산에는 아세트산, 탄산이 있어요.

염기(鹽基) base	鹽(소금 염) 基(기초 기): 염의 기초가 되는 물질. 물에 녹아 염기성을 나타내는 물질

물에 녹아 염기성을 나타내는 물질을 염기라고 해요. 모든 염기는 물에 녹아 수산화 이온(OH^-)을 내놓는데 이 때문에 수용액은 쓴맛을 내지요. 그리고 붉은 리트머스 종이는 푸르게 변화시키고 단백질을 녹이는 성질이 있어요. 염기 또한 약염기와 강염기로 분류되는데, 약염기에는 암모니아수가 있고, 강염기에는 수산화나트륨, 수산화칼륨이 있어요. 약염기는 이온화도가 약한 물질이고, 강염기는 대부분이 이온화되는 물질이지요.

중화 반응(中和反應) neutralization	中(가운데 중) 和(화할 화) 反(돌이킬 반) 應(응할 응): 산과 염기가 반응하여 중성이 되는 반응

산과 염기가 반응하여 중성이 되는 것을 중화 반응이라고 해요. 반응 결과 물과 염을 생성하지요. 반응 과정에서 많은 열이 발생하는데 이 열을 중화열이라고 해요.

지시약(指示藥) indicator

指(가리킬 지) 示(보일 시) 藥(약 약): 용액이 어떤 물질인지 알아봐 주는 약품

지시약은 용액이 산성인지 염기성인지 알아보기 위한 약품이에요. 대표적으로는 리트머스 종이가 있어요. 리트머스 종이는 붉은색과 푸른색의 두 종류가 있는데, 푸른색 리트머스 종이는 산성 용액이 닿게 되면 붉은색으로 변하고, 붉은색 리트머스 종이에 염기성 용액이 닿게 되면 푸른색으로 변하기 때문에 용액의 성질을 쉽게 알 수가 있지요. 리트머스 종이가 없을 때에 적색양배추, 장미꽃잎 등을 지시약으로 만들어 사용할 수도 있어요.
참고로, 수소 이온 농도의 수치를 pH로 나타낸 것이 수소이온지수예요. 순수한 물의 pH는 7이지요. pH가 7보다 작으면 산성 용액이고, pH가 7보다 높으면 염기성 용액이에요.

산화(酸化) oxidation

酸(실 산) 化(될 화): 산이 되다. 물질이 공기 중의 산소와 결합하여 화학 변화를 일으키는 것

물질이 공기 중의 산소와 결합하여 화학 변화를 일으키는 것을 산화라고 해요. 보통은 산소가 다른 물질과 결합하는 반응을 말하지만 유기 화합물이 수소를 잃는 반응도 산화라고 하지요. 가장 널리 사용되는 산화의 정의는 전자를 잃는 반응이에요. 대부분의 물질은 산화하면서 많은 열을 방출해요. 열과 빛이 특히 강하게 방출되는 산화를 연소라고 하지요.
연소는 물질이 불에 타서 빛과 열을 내면서 공기 중의 산소와 결합하여 다른 물질로 변하는 현상이에요. 연소가 발생하기 위해서는 다음과 같은 세 가지 조건이 필요해요. 탈 수 있는 연료와 산소, 그리고 발화점 이상의 높은 온도를 유지하는 것이지요.

환원(還元) reduction

還(돌아올 환) 元(처음 원): 되돌아오다. 산화물이 산소를 잃거나 또는 전자를 얻는 반응

산화물이 산소를 잃거나 또는 전자를 얻는 반응이라고 할 수 있어요. 산화와 환원은 언제나 동시에 일어나는데, 이는 한 물질이 산화되기 위해서는 다른 물질이 환원되어야 하기 때문이에요. 자기 자신은 산화되면서 다른 물질을 환원시키는 물질을 환원제라고 하고, 그 반대는 산화제라고 해요.

02 | 화학 반응에서의 규칙성

화학 반응의 종류가 물리적 변화든지 또는 화학적 변화든지 간에 화학 반응이 일어날 때, 원자의 종류와 수 및 질량은 변하지 않으므로 반응 전과 후의 질량은 보존되며, 생성된 화합물을 이루는 성분의 질량비는 일정하다.

물리적 변화 (物理的變化)	物(물건 물) 理(이치 리) 的(과녁 적) 變(변할 변) 化(될 화): 상태 변화, 모양 변화(분자종이 변하지 않는 것)

물질의 상태 변화, 모양 변화 등을 물리적 변화라고 하지요. 원자나 분자의 변형이 일어나지 않기 때문에 물질의 본질은 변하지 않아요.

화학적 변화 (化學的變化)	化(변화 화) 學(배울 학) 的(과녁 적) 變(변할 변) 化(될 화): 분자종이 변하는 것

원자는 보존되지만 분자에 변형이 일어나 원래의 물질과 성질이 달라요. 한마디로 화학적 변화로 기존에 있었던 물질과는 전혀 다른 물질이 만들어지지요. 예를 들어 화학 반응을 통해 물이 수소와 산소로 분해될 때에는 반응 물질인 물과 성질이 전혀 다른 수소와 산소가 만들어지게 돼요.

일정 성분비 법칙 (一定成分比法則)	一(한 일) 定(정할 정) 成(이룰 성) 分(나눌 분) 比(비율 비) 法(법 법) 則(법칙 칙): 질량비가 일정하다는 법칙

한 종류의 화합물을 구성하는 원소의 질량비는 언제나 일정하다는 법칙이에요. 일정량의 물을 전기 분해하여 생성된 수소 기체와 산소 기체의 질량 비율을 구해 보면 언제나 1 : 8로 일정한 질량비를 이루지요.

배수 비례 법칙(倍數比例法則)

倍(곱 배) 數(수효 수) 比(견줄 비) 例(규칙 례) 法(법 법) 則(법칙 칙): 간단한 정수비가 성립한다는 법칙

두 가지 원소가 결합하여 두 종류 이상의 화합물을 이룰 때, 일정량의 한 원소와 결합하는 다른 원소의 질량은 간단한 정수비를 이룬다는 법칙이에요. 예를 들어 탄소와 산소로 이루어진 화합물에서 일산화탄소(CO)와 이산화탄소(CO_2)가 있는데, 두 화합물에서 일정한 양의 탄소와 화합하고 있는 산소의 질량비는 1 : 2예요.

질량 보존 법칙(質量保存法則)

質(물질 질) 量(분량 량) 保(지킬 보) 存(있을 존) 法(법 법) 則(법칙 칙): 반응 전후의 총 질량은 언제나 보존된다는 법칙

반응 전후의 총 질량은 언제나 보존된다는 법칙이에요. 예를 들어 수소 기체 10g과 산소 기체 80g이 모두 반응하여 수증기가 생성되었다면 수증기의 질량이 90g이 되는 것이지요. 이처럼 화학 변화가 있음에도 질량에 변화가 없는 이유는 무엇일까? 화학 변화가 일어나 처음과 다른 물질이 되어도 입자들의 배열만 달라질 뿐, 입자들의 수가 늘어나거나 줄어드는 것은 아니기 때문이에요.

화합(化合) combination

化(변화 화) 合(합할 합): 두 가지 이상의 물질이 반응하여 새로운 물질을 만드는 화학 변화

두 가지 이상의 물질이 반응하여 새로운 물질을 만드는 화학 변화를 말해요. 예를 들어 수소와 산소를 반응 용기에 넣고 전기 불꽃을 일으키면 물이 생성되는데, 이와 같이 수소와 산소가 화합하여 물이 생기는 반응이 바로 화합 반응이지요.

분해(分解) decomposition	分(나눌 분) 解(풀 해): 나누어 풀다. 하나의 물질을 새로운 성질의 두 가지 이상의 물질로 분해시키는 화학 변화

하나의 물질을 새로운 성질의 두 가지 이상의 물질로 분해시키는 화학 변화예요. 분해를 일으키는 방식에 따라 열분해, 전기분해, 촉매분해 등으로 구분할 수 있지요.

치환(置換) substitution	置(둘 치) 換(바꿀 환): 바꾸다. 결합하는 원소를 바꾸는 반응

원래 결합해 있던 원소보다 더 결합하기 쉬운 원소를 만나면 원래 있던 결합이 끊어지고 새로운 원소와 결합해 새로운 물질을 만들게 돼요. 이와 같이 결합하는 원소를 바꾸는 반응을 치환이라고 하지요. 예를 들면, 메테인과 염소를 반응시킬 때 H와 Cl가 치환이 돼요.

1 생물의 구성과 다양성

2 소화, 순환, 호흡, 배설

3 자극과 반응

4 생식과 발생

5 유전과 진화

생물

兩(둘 양) **棲**(살 서) **類**(무리 류):
물속과 땅 양쪽에서 사는 무리

1 생물의 구성과 다양성

생명은 지구 탄생 이후 8억 년에 조금 못 미치는 기간 동안 탄생하였고, 그 이후 40억 년 가까이에 걸쳐 다양한 천재지변을 극복하며 지속되어온 견고한 시스템이다. 이 견고함은 세포가 죽어도 계속해서 개체가 유지되고, 개체가 죽더라도 생식을 통해 종이 유지되고, 종이 멸종되어도 생명이 유지되는 시스템이다. 이러한 진화의 역사를 통해 생물이 다양해지고, '종'으로 나뉘어져 있는 이러한 다양성이 생명 현상 중에서도 가장 놀라운 것이라고 말할 수 있다. 생명 세계는 이 다양한 생물이 어지럽게 얽혀서 성립되는 아주 복잡한 곳이지만 그 복잡성은 하나의 개체나 하나의 세포단위에서도 찾아볼 수 있다.

01 세포

세포(細胞) | **핵**(核) | **세포막**(細胞膜) | **세포벽**(細胞壁) | **세포질**(細胞質) | **미토콘드리아**(mitochondria) | **엽록체**(葉綠體) | **액포**(液胞)

02 현미경

광학 현미경(光學顯微鏡) | **접안**(接眼) **렌즈·대물**(對物) **렌즈** | **조동 나사**(躁動螺絲)·**미동 나사**(微動螺絲) | **조리개**(diaphragm) | **광원 장치**(光源裝置) | **재물대**(載物臺)

03 생물의 구성

단세포 생물(單細胞生物) | **다세포 생물**(多細胞生物) | **조직**(組織) | **조직계**(組織系) | **기관**(器官) | **기관계**(器官系) | **개체**(個體)

04 동물과 식물의 분류

척추동물(脊椎動物) | **어류**(魚類) | **양서류**(兩棲類) | **파충류**(爬蟲類) | **조류**(鳥類) | **포유류**(哺乳類) | **종자식물**(種子植物) | **포자식물**(胞子植物) | **겉씨식물**(gymnosperm) · **속씨식물**(angiosperm)

05 식물의 뿌리와 줄기

뿌리(root) | **뿌리털(root hair)** | **생장점(生長點)** | **체관(-管)** | **관다발** | **형성층(形成層)**

06 식물의 잎

쌍떡잎식물(雙--植物) | **외떡잎식물**(外--植物) | **유기물**(有機物) | **무기물**(無機物) | **잎맥**(-脈) | **표피**(表皮) | **울타리 조직**(palisade tissue) | **해면 조직**(海綿組織) | **기공**(氣孔) | **공변세포**(孔邊細胞) | **증산 작용**(蒸散作用) | **광합성**(光合成)

01 | 세포

모든 생물은 '세포'라 불리는 작은 단위로 이루어져 있다. 이러한 사실은 현미경이 만들어지고 성능이 개선되어 작은 구조를 관찰할 수 있게 되면서 영국의 로버트 훅을 비롯한 많은 과학자들에 의해 판명되었다. 세포의 기본적인 구조와 작용을 이해함으로써 생물 생명 활동의 기본을 알 수 있으며, 나아가 생물이 걸어온 진화의 발자취를 추측할 수 있다.

세포(細胞)cell	細(가늘 세) 胞(세포 포): **생물체를 구성하는 가장 기본적인 단위**

생물의 몸을 구성하는 구조적 단위이며 생명 활동이 일어나는 기능적 단위에요. 세포에서는 생명 현상이 일어나며 핵, 세포막, 세포질로 구성되어 있어요. 세포의 모양과 크기는 생물에 따라 다양하며 대부분의 세포는 크기가 매우 작아서 현미경으로 관찰해야 하지만 달걀 등과 같이 맨눈으로 볼 수 있는 큰 세포도 있어요.

핵(核)nucleus	核(핵심 핵): **세포의 중심에 있는 세포의 모든 활동을 조절하고 결정하는 세포 내 기관**

세포의 모든 활동을 조절하고 결정하는 세포 내 기관으로 핵막으로 둘러싸여 주변의 세포질과 분리돼요. 핵 안에는 생물의 모양, 유전, 생장 등을 결정해 주는 유전 물질이 들어 있고 대부분 둥근 모양이며 염색액으로 염색하면 뚜렷하게 관찰돼요.

세포막(細胞膜)	細(가늘 세) 胞(세포 포) 膜(꺼풀 막): **세포를 둘러싼 얇은 막**

세포막은 세포를 둘러싸고 있는 얇은 막이에요. 액체는 용기에 담겨있지 않으면 흘러서 모양을 유지할 수가 없겠죠. 세포도 마찬가지로 세포막이 없으면 모양을 유지할 수가 없어요. 세포막은 세포의 일정한 모양을 유지해주고, 세포 내의 물질들을 보호해준답니다. 또한 세포의 안과 밖으로 물질들이 드나드는데, 그것을 조절해줘요.

세포벽(細胞壁)	細(가늘 세) 胞(세포 포) 壁(벽 벽): 세포막의 바깥쪽을 둘러싼 벽

세포벽은 세포막의 바깥쪽을 둘러싸고 있으며 두껍고 단단해서 식물세포를 보호해줘요. 세포벽도 세포막과 마찬가지로 세포의 일정한 모양을 유지시켜주지만 물질들이 드나드는 것을 조절해주지는 못해요. 세포벽은 동물세포에는 없고 식물세포에만 존재해요.

세포질(細胞質)	細(가늘 세) 胞(세포 포) 質(본질 질): 세포에서 핵을 제외한 세포막 안의 부분

세포에서 핵, 세포막, 세포벽을 제외한 나머지 부분을 말해요. 세포질에는 미토콘드리아, 엽록체 등과 같은 여러 가지 세포 소기관이 포함되어 있고, 생명 활동이 일어나는 곳이에요.

미토콘드리아 mitochondria	세포에서 호흡을 담당하며 발전소와 같은 역할을 하는 기관

세포에서 호흡을 담당하는 기관이에요. 호흡이라는 것이 숨을 들이마시고 내쉬는 과정만 있는 것이 아니라 세포 내에서 영양소를 분해하여 생명 활동에 필요한 에너지를 만드는 과정을 말해요. 그래서 호흡이 활발한 세포일수록 많은 미토콘드리아를 가지고 있어요. 식물세포의 경우 100~200개 정도 가지고 있으며, 간세포의 경우 약 2,500개 정도를 가지고 있다고 해요.

엽록체(葉綠體)	葉(잎 엽) 綠(초록빛 록) 體(몸 체): 잎을 초록색으로 보이게 하는 것. 에너지를 흡수하여 양분을 만드는 과정인 광합성이 일어나는 장소

식물의 잎이 초록색으로 보이는 이유는 엽록체가 있기 때문이에요. 잎에는 여러 가지 조직들이 있는데, 각 조직에 엽록체가 들어있어 잎이 초록색으로 보이게 되는 거예요. 엽록체는 동물세포에는 존재하지 않고, 식물세포에만 존재하며 빛에너지를 흡수하여 양분을 만드는 과정인 광합성이 일어나는 장소예요.

액포(液胞)

液(진액 액) 胞(세포 포): 액체를 담고 있는 주머니

액포는 세포액을 담고 있는 주머니로 생명 활동으로 인해 생긴 물, 양분, 노폐물 등을 저장하며, 색소를 함유하고 있어 세포의 색깔을 결정하기도 해요. 액포는 사람이나 동물은 땀이나 오줌으로 노폐물을 배설하기 때문에 동물세포에는 작게 존재하거나 없을 수 있지만, 식물세포에는 모두 존재하며 오래된 식물세포일수록 크게 발달되어 있어요.

구분	핵	세포질	세포막	미토콘드리아	엽록체	세포벽	액포
식물세포	○	○	○	○	○	○	○
동물세포	○	○	○	○	×	×	작거나 없음

02 | 현미경

생물체의 일부를 돋보기나 현미경으로 관찰해본 적이 있는가? 생물체의 일부를 크게 확대해 보려면 현미경을 이용해야 한다. 현미경의 각 부분이 어떤 역할을 하는지 알아보고, 현미경의 올바른 조작 순서를 숙지하여 뚜렷한 상을 관찰할 수 있도록 한다.

배율이 가장 낮은 대물렌즈로 빛이 들어오도록 한다. ➡ 옆으로 보면서 대물렌즈를 내린다. 프레파라트를 클립으로 고정시킨다. ➡ 접안렌즈로 들여다보면서 초점을 맞춘다.

광학 현미경 (光學顯微鏡)	光(빛 광) 學(배울 학) 顯(나타날 현) 微(작을 미) 鏡(거울 경): 빛을 이용해 작은 물체를 확대하여 보는 기구

물체에 빛을 비추어 그 물체를 통과한 빛이 대물렌즈에 의해 확대된 실상을 맺고, 이것을 접안렌즈를 통해 다시 확대된 상을 관찰할 수 있도록 만든 장치를 말해요. 즉 광학 현미경이란 빛이 렌즈를 통과하면서 물체가 확대되어 보이도록 만든 현미경으로, 일반적으로 현미경이라고 할 때는 이것을 가리켜요.

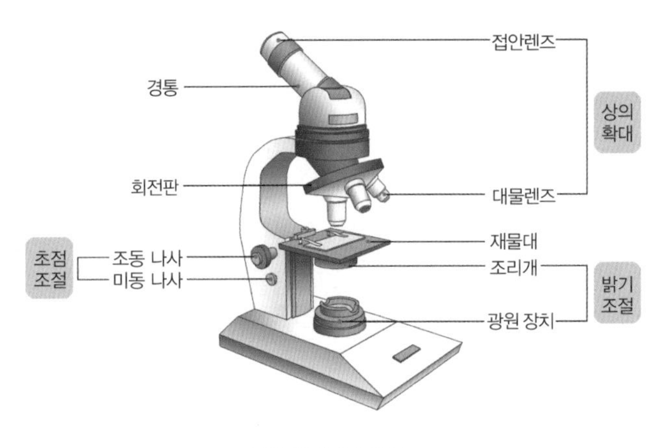

광학 현미경의 구조

접안(接眼)렌즈 대물(對物)렌즈	接(접할 접) 眼(눈 안) 렌즈: 눈에 접하는 렌즈 對(대할 대) 物(물건 물) 렌즈: 물체를 상대하는 렌즈

광학 현미경에는 대물렌즈와 접안렌즈 두 가지를 사용해요. 현미경으로 물체를 관찰할 때 눈을 갖다 대는 곳이 접안렌즈이고 물체 쪽에 가까운 렌즈를 대물렌즈라고 해요. 렌즈의 배율은 길이에 따라 달라지는데 접안렌즈는 길이가 짧을수록, 대물렌즈는 길이가 길수록 더 확대되어 보여요.

조동 나사(躁動螺絲)	躁(성급할 조) 動(움직일 동) 螺(소라 나) 絲(실 사): 움직임을 크게 조절하는 나사
미동 나사(微動螺絲)	微(작을 미) 動(움직일 동) 螺(소라 나) 絲(실 사): 움직임을 작게 조절하는 나사

조동 나사는 재물대를 위아래로 움직이면서 물체의 상을 빠르게 찾을 때 사용하는 나사를 말해요. 미동 나사는 조동 나사에 비해 움직임이 작기 때문에 물체의 상에 대해 미세하게 움직여 정확하게 초점을 맞출 때 사용하는 나사예요.

조리개 diaphragm	렌즈를 통과하는 빛의 양을 조절하는 장치

렌즈를 통과하는 빛의 양을 조절하는 장치로 재물대 아래에 있어요. 광원 장치에서 나온 빛이 대물렌즈를 통과하기 전에 빛의 양을 조절해 줘요. 빛이 너무 많거나 너무 적은 경우에는 물체를 선명하게 보기 힘들기 때문에 조리개로 빛의 양을 적절하게 조절한답니다.

광원 장치(光源裝置)	光(빛 광) 源(근원 원) 裝(꾸밀 장) 置(둘 치): 빛이 나오는 장치

대물렌즈에 빛을 공급하는 장치를 말해요. 예전에는 현미경에 반사경이 있어서 햇빛을 반사시키는 방법으로 빛을 공급했지만, 요즘 현미경에는 빛이 나오는 광원 장치가 붙어 있어요.

재물대(載物臺)	載(실을 재) 物(물건 물) 臺(받침대 대): 관찰 재료를 올려놓는 평평한 대

현미경으로 관찰하기 위한 물체를 올려놓는 곳으로 가운데에 빛이 통과하는 구멍이 있어요.

03 | 생물의 구성

생물의 가장 일반적인 구분 중 하나는, 햇빛을 자신의 먹이를 만드는데 사용하는 식물과, 에너지가 풍부한 먹이를 소비하는 동물로 나누는 것이다. 많은 미생물과 어떤 종류의 생물은 식물이나 동물로 명확하게 분류할 수 없다. 동물과 식물은 먹이를 만들거나 발견하고 재생산하게 해주는 매우 다양한 신체 구조와 내부 구조를 갖는다.

단세포 생물 (單細胞生物)	單(홑 단) 細(가늘 세) 胞(세포 포) 生(날 생) 物(물체 물): 하나의 세포로 이루어진 생물

몸이 하나의 세포로만 이루어져 있는 생물이에요. 지구의 최초 생물체는 단세포 생물로 약 38억 년 전에 나타났다고 여겨지고 있어요. 단세포 생물의 세포분열은 종족 번식의 생식을 의미해요. 단세포 생물의 예로는 짚신벌레, 아메바, 돌말, 각종 세균 등이 있어요.

다세포 생물 (多細胞生物)	多(많을 다) 細(가늘 세) 胞(세포 포) 生(날 생) 物(물체 물): 많은 세포들로 이루어진 생물

여러 개의 세포들로 이루어져 있는 생물이에요. 다세포 생물은 약 10억 년 전에 나타났다고 여겨지고 있어요. 다세포 생물의 크기는 일반적으로 세포의 수에 의해 결정된다고 할 수 있어요. 다세포 생물은 세포가 모여 조직을 이루고 조직이 모여 조직계나 기관을 이루는 방식으로 하나의 생명체가 구성되는데, 각각의 세포들은 독립적으로 살아가는 것이 아니라 서로 물질들을 주고받으면서 공존해요. 다세포 생물의 예로는 사람, 강아지, 나무 등 대부분의 생물들이 다세포 생물이에요.

조직(組織) tissue	組(짤 조) 織(만들 직): 짜서 만듦. 생물체를 구성하는 하나의 단위로써 모양과 기능이 비슷한 세포들의 모임

생물체를 구성하는 하나의 단위로써 모양과 기능이 비슷한 세포들의 모임을 말해요. 조직의 예로는 근육세포들이 모여 만든 근육조직, 표피세포들이 모여 만든 표피조직 등이 있어요. 조직이 모이면 식물의 경우는 조직계를 이루게 되고, 동물의 경우는 기관을 이루게 돼요.

조직계(組織系)
plant tissue system

組(짤 조) 織(만들 직) 系(묶을 계): 조직을 묶은 모임. 식물에서 비슷한 조직끼리 모여 있는 모임

식물에서 비슷한 조직끼리 모여 있는 모임을 말해요. 표피 조직계, 관다발 조직계, 기본 조직계가 있어요. 표피 조직계는 표피 조직 등으로 이루어져 식물체의 겉을 싸고 있어 내부를 보호하고, 관다발 조직계는 물관과 체관으로 이루어진 물과 양분의 이동통로예요. 기본 조직계는 표피 조직계와 관다발 조직계를 제외한 나머지 부분으로 양분의 저장과 광합성이 일어나요.

기관(器官)organ

器(기관 기) 官(기관 관): 여러 조직이 모여 이루어진 특정한 기능의 단위

여러 조직이 모여 일정한 형태를 가지고 특정한 기능을 하는 부분을 말해요. 동물에는 폐, 아가미 등 호흡에 관여하는 기관인 호흡기관과 식도, 소장, 대장 등 소화에 관여하는 소화기관 등이 있어요. 식물에는 뿌리, 줄기, 잎과 같이 영양과 생장에 관여하는 영양기관과 꽃, 열매와 같이 생식에 관여하는 생식기관 등이 있어요.

기관계(器官系)
organ system

器(기관 기) 官(기관 관) 系(묶을 계): 여러 개의 기관이 일정한 질서로 결합된 체계

연관된 기관들의 모임을 말해요. 기관계에는 호흡계, 배설계, 소화계, 순환계 등이 있어요. 특히 기관계는 동물의 구성 단계에만 있고, 식물의 구성 단계에는 없어요. 호흡기관인 폐, 기도 등은 호흡을 담당하는 호흡계, 소화 기관인 위, 식도, 소장 등은 소화를 담당하는 소화계를 이루고 있어요.

개체(個體)individual

個(낱 개) 體(물체 체): 독립하여 존재하는 낱낱의 물체

독립된 하나의 생물체를 말해요. 사람이나 코끼리 같은 동물들도 개체이고, 나팔꽃 한 송이, 무궁화 한 송이, 은행나무 등 식물들도 개체에 속해요. 동물의 구성 단계는 세포→조직→기관→기관계→개체로 이루어져 있고, 식물의 구성단계는 식물의 구성 단계는 세포→조직→조직계→기관→개체로 이루어져 있어요.

04 | 동물과 식물의 분류

우리 주변에서 흔히 볼 수 있는 동물이나 식물은 그 특징이 모두 다르다. 동물이나 식물은 특징에 따라 비슷한 것끼리 나눌 수 있는데, 이러한 과정을 '분류'라고 한다. 동물은 척추의 유무에 따라 척추동물과 무척추동물로 분류할 수 있고, 식물은 종자의 유무에 따라 종자식물과 포자식물로 분류할 수 있다.

척추동물(脊椎動物)	脊(등뼈 척) 椎(등뼈 추) 動(움직일 동) 物(물체 물): 척추(등뼈)가 있는 동물

목 뒤쪽에서부터 등을 따라 엉덩이까지 있는 굵은 뼈를 척추라고 해요. 동물은 이 척추가 있는지, 없는지에 따라 크게 척추동물과 무척추동물로 나눌 수 있어요. 즉 척추가 있는 동물을 척추동물, 척추가 없는 동물을 무척추동물이라고 하는 거예요. 척추동물은 다시 번식방법, 호흡기관, 체온 등의 몇 가지 특징에 따라 어류, 양서류, 파충류, 조류, 포유류로 나눌 수 있지요.

어류(魚類)	魚(물고기 어) 類(무리 류): 물고기와 같은 무리

척추동물 중에서 물속에서 사는 무리를 어류라고 해요. 우리가 물고기라 부르는 어류는 물속에서 살기 때문에 입으로 물을 들이마시고 아가미로 내보내는 아가미 호흡을 하며, 체온이 주위의 환경에 따라 변하는 변온 동물이지요. 대부분 물속에 알을 낳아 체외 수정을 한답니다.

양서류(兩棲類)	兩(둘 양) 棲(살 서) 類(무리 류): 물속과 땅 양쪽에서 사는 무리

척추동물 중 물속과 땅 양쪽에서 사는 무리를 양서류라고 해요. 이렇게 물과 육지 양쪽에서 산다고 해서 '양서류'라는 이름이 붙은 거예요. 개구리, 두꺼비, 도롱뇽 등과 같은 동물이 이에 해당하지요. 어릴 때는 물속에서 아가미로 호흡하면서 생활하지만 성장하면 폐와 피부로 호흡하면서 땅 위에서 생활해요. 또 양서류는 물속에 알을 낳아 번식하고, 어류와 같은 변온 동물이에요.

파충류(爬蟲類)	爬(기어다닐 파) 蟲(벌레 충) 類(무리 류): 땅을 기어 다니는 벌레의 무리

척추동물 중 몸이 가죽질의 비늘로 덮인 무리를 말해요. 파충류는 벌레처럼 짧은 다리로 기어 다닌다고 해서 붙여진 이름이에요. 피부가 두꺼워서 건조한 지역에서도 살 수 있어요. 도마뱀, 거북, 악어, 뱀 등이 파충류에 속해요. 파충류는 공기 중에서 폐로 호흡하며 알을 낳아 번식하는 변온 동물이지요.

조류(鳥類)	鳥(새 조) 類(무리 류): 새와 같은 무리

척추동물 중 앞다리가 날개로 변형되어 하늘을 날 수 있는 무리를 말해요. 폐로 호흡하며 몸이 깃털로 덮여 있어 체온이 주위 환경과 상관없이 항상 일정한 정온 동물이에요. 뼛속이 공기로 채워져 있고 몸속에 공기 주머니가 있어서 하늘을 날기에 좋은 조건을 가졌답니다. 하지만 타조, 오리, 펭귄처럼 조류이면서도 잘 날지 못하는 것들도 있어요. 또한 알을 낳아 번식하는데, 알은 단단한 껍데기로 싸여 있어요.

포유류(哺乳類)	哺(먹을 포) 乳(젖 유) 類(무리 류): 젖을 먹여 새끼를 기르는 무리

척추동물 중 새끼를 낳아 젖을 먹여 키우는 무리를 포유류라고 해요. 온몸이 털로 덮여 있으며 폐로 호흡하고 체온이 주위 환경과 상관없이 항상 일정한 정온 동물이에요. 사람, 개, 고양이 등이 포유류에 속하며, 사는 장소와 생김새 등이 전혀 다른데 같은 포유류라니 놀랍겠지만 박쥐와 고래도 포유류에 속한답니다.

종자식물(種子植物) seed plant	種(씨 종) 子(자식 자) 植(심을 식) 物(물체 물): 씨로 자손을 퍼트리는 식물

모든 식물이 꽃이 피고 씨(종자)를 만들어 번식하는 것은 아니에요. 식물을 다양하게 분류할 수 있지만 번식 방법으로 나누면, 꽃이 피고 씨를 만들어 번식하는 종자식물과 꽃이 피지 않고 포자로 번식하는 포자식물로 나눌 수가 있어요. 종자식물은 꽃식물이라고도 해요. 종자식물에는 벼, 무궁화, 보리, 진달래, 소나무, 은행나무, 개나리 등이 있어요. 종자식물은 밑씨가 씨방 속 안에 있는지 씨방이 없어 밖에 드러나 있는지에 따라 또다시 속씨식물과 겉씨식물로 나눌 수가 있어요.

포자식물(胞子植物) spore plant	胞(세포 포) 子(자식 자) 植(심을 식) 物(물체 물): 포자로 자손을 퍼트리는 식물

꽃이 피고 씨를 만들어 자손을 퍼트리는 종자식물과 달리 포자로 자손을 퍼트리는 식물을 말해요. 포자는 꽃이 피지 않는 식물의 생식세포예요. 포자식물은 민꽃식물이라고도 해요. 포자식물은 포자로 번식하고 잎, 줄기, 뿌리의 구분이 뚜렷하지가 않아요. 포자식물에는 솔이끼, 우산이끼, 쇠뜨기, 곰팡이, 고사리, 미역 등이 있어요.

겉씨식물gymnosperm	겉에 씨가 있는 식물
속씨식물angiosperm	속에 씨가 있는 식물

종자식물은 밑씨가 씨방 속 안에 있는지 밖에 드러나 있는지에 따라 또다시 속씨식물과 겉씨식물로 나눌 수가 있는데, 밑씨가 씨방이 없어 밖으로 드러나 있는 식물을 겉씨식물이라 해요. 겉씨식물은 주로 바람에 의해 수정이 이루어지며 소나무, 향나무, 은행나무 등이 겉씨식물에 속해요. 이에 반해 밑씨가 씨방 속 안에 들어있는 식물을 속씨식물이라 해요. 밑씨가 꽃가루와 수정이 되어 성장하면 씨가 되는 거예요. 속씨식물은 밑씨가 씨방 속 안에 있어 안정적으로 보호되기 때문에 전체 식물의 80% 정도를 차지해요. 무궁화, 봉숭아, 장미, 배추, 강아지풀, 옥수수 등이 속씨식물에 속해요.

05 | 식물의 뿌리와 줄기

식물의 뿌리와 줄기는 지지 작용, 흡수 작용, 저장 작용, 이동 작용, 흡수 방출 작용 등을 한다. 뿌리는 크게 뿌리털, 생장점, 뿌리골무로 이루어져 있고, 줄기는 물관, 체관, 형성층으로 이루어져 있다.

뿌리 root	식물의 밑동으로서 수분과 양분을 빨아올리고 지탱하는 작용을 하는 기관

식물의 몸이 쓰러지지 않도록 지탱하며, 땅속 생명 활동에 필요한 물 등을 흡수하는 기관이에요. 뿌리가 하는 일을 크게 3가지로 나눌 수가 있어요. 식물의 몸이 쓰러지지 않도록 해주는 지지 작용, 흙 속에 녹아있는 물과 양분을 빨아들이는 흡수 작용, 양분을 뿌리에 저장하는 저장 작용이 있어요. 양분을 저장하는 뿌리를 저장뿌리라고 하는데 우리가 주로 먹는 무, 당근, 고구마, 인삼 등이 저장뿌리에 속해요. 뿌리의 형태는 식물의 종류에 따라 다른데, 굵은 원뿌리를 중심으로 가느다란 곁뿌리가 나오는 곧은 뿌리, 원뿌리와 곁뿌리 구분 없이 굵기가 비슷한 뿌리들이 한 곳에 모여 나는 수염뿌리가 있어요.

뿌리털 root hair	식물의 뿌리 끝에 실처럼 길고 부드럽게 나온 가는 털

뿌리의 표피 세포가 변해 바깥쪽으로 자란 털이에요. 뿌리털은 하나의 세포로 이루어져 있고, 뿌리털의 수가 많으면 흙과 접촉하는 면적이 넓어지기 때문에 물과 무기 양분을 효율적으로 흡수할 수가 있어요.

생장점(生長點) growing point	生(날 생) 長(길 장) 點(점 점): 길게 자라는 점. 뿌리와 줄기의 끝에서 세포를 만들어 내는 부분

뿌리와 줄기의 끝에서 세포를 만들어 내는 부분을 말해요. 생장점을 이루는 세포들은 크기가 작으며 세포 분열을 통하여 세포수를 늘려 뿌리를 길게 자라게 해요. 생장점이 잘려나가면 뿌리가 길게 뻗어 나갈 수 없기 때문에 뿌리 끝에 있는 뿌리골무가 생장점을 골무처럼 싸서 보호해줘요.

체관(-管)	체 管(대롱 관): 체처럼 생긴 관. 식물의 잎에서 만들어진 양분이 이동하는 통로

식물의 잎에서 만들어진 양분이 이동하는 통로를 체관이라고 해요. 식물의 줄기에는 뿌리에서 흡수한 물과 무기 양분이 이동할 수 있는 통로인 물관이 있고, 물관의 바깥쪽에는 잎에서 광합성으로 만들어진 양분이 이동할 수 있는 체관이 있어요. 체관은 식물의 휴식기인 가을에서 겨울 사이에는 기능이 잠시 멈추었다가, 봄이 되면 다시 멈춘 것이 풀리고 양분의 이동이 활발해져요.

관다발	식물이 양분이나 물을 운반하는 관상 조직. 속이 빈 관들이 다발로 모여 있는 것

속이 빈 관들이 다발로 모여 있는 것을 관다발이라 해요. 물관, 체관 그리고 형성층을 묶어서 관다발이라 하는데 뿌리에서 줄기, 잎까지 연결되어 있어 물과 양분이 식물의 곳곳으로 이동할 수 있어요.

형성층(形成層)	形(모양 형) 成(이룰 성) 層(층 층): 모양을 이루는 층. 물관과 체관 사이에 있는 살아있는 세포층

물관과 체관 사이에 있는 살아있는 세포층을 말해요. 형성층은 세포의 수를 늘려 줄기가 굵어지게 하는 부피 생장이 일어나는 장소예요. 형성층은 외떡잎식물에는 존재하지 않고, 쌍떡잎식물에만 존재해요. 외떡잎식물의 관다발은 줄기 내부에 불규칙하게 흩어져 있기 때문에 형성층이 없어 줄기가 굵게 자라지 않고 가늘고 잘 휘어져요. 형성층에는 분열 시기가 있는데 봄에서 여름 사이에는 세포 분열이 활발하게 일어나서 세포의 크기가 크고 연하고 밝은 색을 띠지만, 가을에서 겨울 사이에는 세포 분열이 더디게 이루어져서 세포의 크기가 작고 단단하고 어두운 색을 띠어요, 이렇게 봄에서 여름 사이의 세포와 가을에서 겨울 사이의 세포들이 줄기 내에 겹겹이 교차되면서 나이테가 형성되는 것이에요.

06 | 식물의 잎

지구상의 생물은 빛에너지에 의존하여 살아가고 있다. 광합성을 하는 녹색 식물들은 지구로부터 1억 5천만 km를 날아온 빛에너지를 획득하여 자신도 살아가고 다른 생물체들도 살아갈 수 있게 해준다. 이러한 광합성은 식물의 잎에서 일어난다.

쌍떡잎식물 (雙--植物)	雙(쌍 쌍) 떡잎 植(심을 식) 物(물체 물): 떡잎이 두 장인 식물. 속씨식물 중 씨가 싹이 틀 때 떡잎이 두 장 나오는 식물

씨에서 처음 나오는 잎을 떡잎이라 하는데 속씨식물은 떡잎이 두 장인 식물인 쌍떡잎식물과 떡잎이 한 장인 외떡잎식물로 나눌 수가 있어요. 쌍떡잎식물은 속씨식물 중 씨가 싹이 틀 때 떡잎이 두 장 나오는 식물을 말해요. 잎이 대체로 넓고 그물맥이며, 원뿌리와 곁뿌리의 구분이 뚜렷해요. 또한 관다발이 줄기의 가장자리에 원을 그리며 규칙적으로 배열되어 있어 줄기가 굵게 자랄 수가 있어요. 쌍떡잎식물에는 무궁화, 봉숭아, 민들레, 강낭콩, 장미 등이 있어요.

외떡잎식물 (外--植物)	外(바깥 외) 떡잎 植(심을 식) 物(물체 물): 떡잎이 한 장인 식물. 속씨식물 중 씨가 싹틀 때 떡잎이 한 장 나오는 식물

속씨식물 중 씨가 싹틀 때 떡잎이 한 장 나오는 식물을 말해요. 잎이 가늘고 나란히맥이며, 원뿌리와 곁뿌리의 구분이 없는 수염뿌리예요. 또한 관다발이 줄기 내부에 불규칙하게 흩어져 있어서 줄기가 굵게 자라지 못해요. 외떡잎식물에는 벼, 보리, 옥수수, 잔디, 강아지풀 등이 있어요.

유기물(有機物) organic compound	有(있을 유) 機(틀 기) 物(물체 물): 생물체를 이루는 탄소 원자를 함유하는 유기 물질의 총칭

유기물은 탄소를 포함하고 있고 생물체를 이루는 성분이에요. 가열하면 연기를 발생시키면서 검게 타요. 탄수화물, 단백질, 지방, 비타민 등이 있어요.

무기물(無機物)
inorganic compound

無(없을 무) 機(틀 기) 物(물체 물): 탄소(C)를 포함하지 않는 양분

무기물은 유기물을 제외한 모든 화합물이에요. 가열해도 타지 않고 변화가 없어요. 물, 공기, 모래, 석회, 철, 구리 등이 있어요.

잎맥(-脈)

잎 脈(줄기 맥): 식물의 잎에 있는 그물 모양의 조직

물관과 체관이 모인 관다발로 잎 속의 물과 양분의 이동통로예요. 잎맥이 잎몸 전체에 그물 모양으로 퍼져있는 그물맥과 잎맥이 잎몸 아래쪽에서 끝으로 나란하게 있는 나란히맥이 있어요. 쌍떡잎식물의 잎맥은 그물맥이고, 외떡잎식물의 잎맥은 나란히맥이에요.

표피(表皮)

表(겉 표) 皮(껍질 피): 겉 껍질. 식물의 겉 부분을 덮은 세포층

식물의 겉 부분을 덮은 세포층을 말해요. 표피를 구성하는 세포에는 엽록체가 없어 투명해 빛이 잘 통과해요. 동물의 경우에는 표피라 하지 않고 상피라고 해요. 표피와 상피는 식물과 동물의 표면을 덮고 있어 내부를 보호하는 역할이 가장 커요.

울타리 조직
palisade tissue

잎의 표피 밑에 있는 울타리 모양의 조직

잎 앞면의 표피 밑에는 길쭉한 세포들이 세로로 빽빽하게 배열되어 있는데, 이것을 울타리 조직이라 해요. 울타리 조직을 책상 조직이라고도 하며, 울타리 조직에는 엽록체가 많이 들어 있어서 광합성이 활발하게 일어나요.

해면 조직 (海綿組織)	海(바다 해) 綿(솜 면) 組(짤 조) 織(만들 직): 해면동물과 같은 조직. 울타리 조직 아래에 둥근 모양의 세포들이 불규칙적으로 배열되어 있는 것

울타리 조직 아래에 둥근 모양의 세포들이 불규칙적으로 배열되어 있는데 이것을 해면 조직이라 해요. 해면 조직도 울타리 조직처럼 엽록체가 있어 초록색을 띠며 광합성을 하여 양분을 만들어요. 해면 조직 아래에는 공변세포가 있고, 공변세포에 의해 만들어진 기공이 있어서 이산화탄소나 산소 같은 기체들이 식물 안팎으로 이동해요. 해면 조직이 불규칙적으로 배열되어 있어서 빈 공간이 생겨 기체들이 식물 안팎으로 활발하게 이동할 수가 있어요.

기공(氣孔) stoma	氣(공기 기) 孔(구멍 공): 공기 구멍. 잎의 표면에 있는 작은 구멍

잎의 표면에 있는 작은 구멍을 기공이라고 해요. 사람은 코를 통해 공기를 들이마시거나 내쉬는데, 식물은 기공을 통해 이산화탄소와 산소가 나가거나 들어와요. 또한 식물은 기공을 통해 식물이 가지고 있던 물을 내보내서 체온을 조절해요. 기공은 2개의 공변세포로 이루어져 있고, 잎의 앞면보다는 뒷면에 더 많아요. 햇빛이 많은 낮에 주로 열리고 밤에는 닫혀요.

공변세포(孔邊細胞)	孔(구멍 공) 邊(가장자리 변) 細(가늘 세) 胞(세포 포): 구멍 가장자리 세포. 식물의 기공을 이루고 있는 두 개의 세포

식물 내부에서 이산화탄소 등 기체의 출입과 증산 작용을 조절하는 세포를 말해요. 공변세포는 잎의 앞면과 뒷면에 고르게 펴져 있지만, 햇빛을 피하기 위해 뒷면에 더 많이 존재하는 경우가 많아요. 또한 공변세포는 표피세포가 변해서 된 것이지만 표피세포와 달리 엽록체가 존재해요.

증산 작용(蒸散作用)

蒸(증발할 증) 散(흩을 산) 作(행할 작) 用(행할 용): 식물체 안의 수분이 수증기가 되어 증발되는 현상

식물에서 물이 기공을 통해 증발되는 현상을 증산 작용이라 해요. 공변세포가 기공을 열고 닫아 증발되는 물의 양을 조절하며 바람이 잘 불 때, 햇빛이 강할 때, 습도가 낮을 때, 온도가 높을 때 활발하게 일어나요. 또한 뿌리에서 흡수된 물을 위까지 끌어올리는 힘이 되며 식물의 수분량, 농도와 온도를 조절해요.

광합성(光合成)

photosynthesis

光(빛 광) 合(합할 합) 成(이룰 성): 빛의 작용에 의하여 유기화합물이 합성되는 화학적 현상

식물이 엽록체에서 물, 이산화탄소, 빛을 이용하여 포도당과 산소를 만드는 과정을 말해요. 식물은 동물과 달리 먹이를 먹지 않고 광합성을 통해 스스로 양분을 만들어 자라요. 광합성을 통해 생성된 포도당은 즉시 녹말로 바뀌어 일시적으로 엽록체에 저장되고 이 녹말은 물에 잘 녹는 설탕으로 전환되어 체관을 통해 식물의 각 부분으로 운반돼요. 광합성에 영향을 주는 요인에는 빛의 세기, 온도, 이산화탄소의 농도 등이 있어요.

2 소화, 순환, 호흡, 배설

여러 악기가 모여 아름다운 음을 만들어 내는 오케스트라처럼 인체도 여러 기관계가 조화롭게 상호 작용함으로써 건강한 상태의 몸을 유지할 수 있다. 음식물의 영양소는 소화 기관에서 소화 · 흡수되며, 호흡 기관을 통해 들어온 산소는 혈액을 통해 온 몸의 조직 세포로 운반된다. 조직 세포에서는 산소를 이용하여 영양소를 분해하는 세포 호흡이 일어나 생명활동에 필요한 에너지를 얻는다. 또한 이 과정에서 만들어진 노폐물은 혈액에 의해 운반되어 배설 기관을 통해 몸 밖으로 배설된다. 이와 같이 소화계, 순환계, 호흡계, 배설계는 서로 구조적, 기능적으로 밀접하게 연관되어 있다.

01 영양소

영양소(營養素) | **탄수화물**(炭水化物) | **단백질**(蛋白質) | **지방**(脂肪) | **물**(H_2O) | **비타민**(vitamin) | **무기염류**(無機鹽類)

02 음식물의 흡수와 영양소의 이동

소화(消化) | **입**(mouth) | **식도**(食道) | **위**(胃) | **이자**(胰子) | **소장**(小腸) | **대장**(大腸) | **간**(肝) | **소화 효소**(消化酵素) | **아밀레이스**(amylase) | **펩신**(pepsin) | **트립신**(trypsin) | **라이페이스**(lipase)

03 혈액의 순환

혈구(血球) | **적혈구**(赤血球) | **백혈구**(白血球) | **혈소판**(血小板) | **혈장**(血漿) | **심장**(心臟) | **심방**(心房) · **심실**(心室) | **혈관**(血管) | **동맥**(動脈) | **정맥**(靜脈) | **모세혈관**(毛細血管) | **혈압**(血壓) | **맥박**(脈搏) | **체순환**(體循環) | **폐순환**(肺循環)

04 호흡

기관(氣管) | **폐포**(肺胞) | **흉강**(胸腔) | **갈비뼈**(rib) | **횡격막**(橫隔膜) | **외호흡**(外呼吸) · **내호흡**(內呼吸)

05 배설

배설(排泄) | **콩팥**(kidney) | **네프론**(nephron) | **사구체**(絲球體) | **보먼주머니** | **세뇨관**(細尿管) | **오줌관** | **방광**(膀胱) | **여과**(濾過) | **재흡수**(再吸收) · **분비**(分泌)

01 | 영양소

신체의 체온 유지, 심장 박동, 장의 연동 운동 등 내장 기능 유지에 필요한 에너지원은 모두 음식으로부터 소화관을 통해서 흡수된다. 또한 신체를 구성하는 세포는 날마다 바뀌기 때문에 생명 유지를 위해서는 그 세포들을 만들기 위한 물질의 섭취가 계속적으로 필요하다. 그 중에서도 필수 아미노산, 비타민, 미량의 무기염류와 같이 사람의 체내에서는 합성할 수 없는 것들은 균형 잡힌 식사를 통해서 흡수해야 한다.

영양소(營養素)	營(경영할 영) 養(기를 양) 素(바탕 소): **생명의 몸을 이루거나 살아가는 데 필요한 물질**

우리 몸을 구성하거나 살아가는데 필요한 물질을 영양소라 해요. 영양소에는 탄수화물, 지방, 단백질, 비타민, 물, 무기염류 등이 있어요. 그중 탄수화물, 지방, 단백질을 3대 영양소라고 해요. 이들은 우리 몸을 구성하는 성분으로 쓰일 뿐만 아니라 에너지원이 되는 중요한 영양소예요. 영양소의 구성 비율에는 차이가 있지만 한 가지라도 부족하면 건강을 유지할 수 없기 때문에 편식하지 말고 음식을 골고루 먹어야 해요.

탄수화물(炭水化物) carbohydrate	炭(숯 탄) 水(물 수) 化(될 화) 物(물체 물): **탄소와 물이 결합한 물질**

탄수화물은 탄소, 수소, 산소로 구성되어 있어요. 탄수화물은 탄소와 물로 이루어진 것처럼 보인다고 해서 붙여진 이름이에요. 탄수화물의 종류에는 포도당, 엿당, 설탕, 녹말 등이 있으며 빵, 밥, 국수, 감자, 고구마 등에 많이 포함되어 있어요. 주로 에너지원으로 사용되며 우리 몸에서 사용하고 남은 탄수화물은 지방으로 바뀌어 몸속에 저장되기 때문에 몸을 구성하는 비율이 낮아요.

단백질(蛋白質) protein	蛋(새알 단) 白(흰 백) 質(바탕 질): 알을 구성하는 흰 부분이라는 뜻으로, 생물체 몸의 구성 성분

단백질은 탄소, 수소, 산소, 질소로 구성되어 있어요. 단백질은 육류, 생선, 달걀, 콩, 우유 등에 많이 포함되어 있고요. 근육을 만들기 위해 닭 가슴살 위주로 먹는다는 얘기는 다들 들어보셨죠? 우리 몸에 있는 근육은 주로 단백질로 구성되어 있기 때문이에요. 또한 단백질은 세포를 구성하는 주요 성분이며 새로운 세포를 만들고 생장하는데 필요해요. 그리고 우리 몸속에서 생리작용 조절에 관여해 여러 가지 생명활동이 원활하게 일어나도록 해요. 탄수화물과 지방이 몸속에 없을 때 에너지원으로 사용되기도 해요.

지방(脂肪) fat	脂(기름 지) 肪(비계 방): 상온에서 고체인 기름

지방은 탄소, 수소, 산소로 구성되어 있어요. 지방은 버터, 식용유, 육류의 지방질 부분, 견과류 등에 많이 포함되어 있고요. 탄수화물, 단백질과 마찬가지로 에너지원으로 사용되고 몸을 구성하는 성분이에요. 피부 아래에 저장된 지방층인 피하지방은 체온 유지에 중요한 역할을 해요. 그러나 필요 이상의 지방을 섭취하면 비만이 되어 각종 성인병의 원인이 되며 건강에도 좋지 않고, 미용에도 좋지 않아요.

물 H_2O	산소와 수소의 화합물로 순수한 상태에서는 냄새나 색깔, 맛이 없는 투명한 액체

물은 사람 체중의 약 55~66%를 차지하며, 구성 성분 중 가장 많아요. 무기염류, 포도당 등과 같은 여러 가지 영양소와 이산화탄소 등을 운반하며, 노폐물을 땀이나 오줌으로 내보내는데 사용돼요. 몸속에서 일어나는 여러 가지 화학 반응에 관여하고 체온을 조절하는데 중요한 역할을 해요.

비타민vitamin	**매우 적은 양으로 우리 몸의 생리 작용을 조절하는 영양소**

비타민은 매우 적은 양으로 우리 몸의 생리 작용을 조절하는 영양소예요. 체내에서 만들어지지 않아서 음식물을 통해 섭취해야 하며, 부족할 경우 야맹증, 각기병 등의 질병을 유발하기도 해요. 비타민은 버섯, 채소, 과일 등에 많이 포함되어 있어요.

무기염류(無機鹽類) mineral	無(없을 무) 機(틀 기) 鹽(소금 염) 類(무리 류): **생물을 구성하는 원소 중 탄소, 수소, 산소를 제외한 구성 요소**

생물을 구성하는 원소 중 탄소, 수소, 산소를 제외한 원소들을 말해요. 광물질이라고도 해요. 무기염류에는 칼슘, 소듐, 철, 인, 나트륨 등이 있어요. 철은 적혈구를 형성하는데 필요하고, 칼슘은 뼈를 이루는데, 소듐은 우리 몸의 삼투압을 조절하는 등 우리 몸의 곳곳에서 중요한 역할을 해요. 비타민과 같이 체내에서 만들어지지 않아서 음식물을 통해 섭취해야 된답니다.

02 | 음식물의 흡수와 영양소의 이동

우리가 먹은 음식물은 입, 식도, 위, 소장, 대장을 따라 이동한다. 음식물의 이동 통로가 되는 소화관들은 입에서 항문까지 하나의 관으로 길게 연결되어 있는 것이다. 음식물에 들어있는 영양소를 몸에 흡수하기 쉽게 잘게 분해하는 과정이 소화이며, 이러한 소화를 도와주는 물질이 소화 효소이다.

소화(消化) digestion	消(사라질 소) 化(될 화): 사라지게 되다. 음식물에 들어있는 영양소를 몸에 흡수하기 쉽게 잘게 분해하는 과정

음식물에 들어있는 영양소를 몸에 흡수하기 쉽게 잘게 분해하는 과정을 말해요. 음식물 속 영양소가 몸에서 이용되려면 소화관 안쪽 벽의 세포로 흡수되어야 해요. 비타민, 포도당, 무기염류 등은 크기가 작아서 바로 체내에 흡수될 수 있는데 반해 녹말, 단백질, 지방 등은 크기가 커서 그대로 체내에 흡수될 수 없기 때문에 흡수되기 위해서는 작은 크기로 분해하는 과정이 필요해요. 이러한 과정은 여러 소화 기관을 거치면서 단계적으로 일어나게 되는 것이죠.

입 mouth	입술에서 목구멍의 인두 시작 부위까지의 부분. 음식이나 먹이를 섭취하며, 소리를 내는 기관

소화는 입에서부터 시작돼요. 입속에 들어온 음식물이 이에 의해 잘게 부서지는 것이죠. 음식물이 잘게 부서지면 식도로 넘어가기가 쉬워지기도 하지만 영양소가 흡수되기에도 좋아요. 음식물이 입안에 있는 시간이 길지 않기 때문에 입에서는 음식물에 들어 있는 녹말의 일부만 소화돼요.

식도(食道)	食(음식 식) 道(길 도): 음식물이 지나가는 길. 입에서 위까지 연결된 긴 관

입에서 위까지 연결된 긴 관이에요. 식도에서는 별다른 소화 작용이 일어나지 않고, 그냥 음식물을 위까지 이동시키는 역할을 해요. 이에 반해 기도는 호흡할 때 필요한 관이에요.

위(胃)stomach	胃(밥통 위): 밥통. 근육으로 이루어진 주머니 모양의 소화 기관

위는 소화관의 일부분으로 식도와 십이지장을 이어주는, 근육으로 이루어진 주머니 모양의 소화 기관을 말해요. 입과 식도를 통해 내려온 음식물을 잠시 동안 저장하고, 일부 소화 작용을 거쳐 소장으로 내려 보내는 역할을 맡는 것이죠. 위의 안쪽 벽에는 소화액을 분비하는 위샘이 분포하는데 음식물이 위로 들어오면 위샘에서 위액이 분비되고, 위의 꿈틀 운동으로 위액과 음식물이 골고루 섞여요. 위액 안에는 단백질 소화 효소인 펩신과 염산이 들어있는데 펩신은 염산의 도움을 받아 음식물에 들어 있는 단백질을 분해하고, 염산은 펩신의 작용을 도와주고, 강한 산성으로 음식물 속의 세균을 없애줘요.

이자(膵子)pancreas	膵(췌장 이) 子(접미사 자): 위의 뒤쪽에 있는, 소화 효소와 호르몬을 분비하는 길이 약 15cm의 장기

이자는 십이지장과 연결되어 음식물이 십이지장으로 오면 이자액을 분비해요. 이자액 속에는 녹말, 단백질, 지방을 분해하는 아밀레이스, 트립신, 라이페이스와 같은 소화 효소가 들어있어요. 아밀레이스는 녹말을 엿당으로, 트립신은 단백질을 좀 더 작게, 라이페이스는 지방을 지방산과 글리세롤로 분해해요. 또한 이자액에는 염기성 물질이 들어 있는데 이자액이 분비되면 위에서 이동한 산성의 음식물과 섞여 소장 내부가 약한 염기성이 돼요.

소장(小腸)	小(작을 소) 腸(창자 장): 작은창자. 길이가 약 7m 정도 되는 긴 소화관

길이가 약 7m 정도 되는 긴 소화관으로, 위와 연결된 소장의 앞부분을 십이지장이라 하는데 산성의 음식물이 십이지장으로 오게 되면 이자액과 쓸개즙이 분비돼요. 쓸개즙은 간에서 만들어져 쓸개에 저장되었다가 분비되는데 쓸개즙에는 소화 효소가 들어 있지 않지만 지방의 소화가 잘 일어나도록 도와주지요. 소장 안쪽 벽을 이루는 상피세포의 세포막에는 탄수화물, 단백

질 소화 효소가 있고, 이 소화 효소에 의해 탄수화물은 포도당으로, 단백질은 아미노산으로 소화되는데, 결국 소장에서는 3대 영양소가 체내로 흡수될 수 있는 크기로 소화되는 거예요.
소장의 안쪽 벽에는 주름이 많이 있는 점막이 있고, 이 주름에는 무수히 많은 융털이 나있어요. 이처럼 소장의 안쪽 벽에 있는 작은 털 모양의 돌기를 융털이라고 해요. 소장에서는 탄수화물, 단백질, 지방이 모두 분해되어 소장 벽을 통해 우리 몸에 흡수돼요. 융털은 소장 벽의 면적을 넓혀 영양소가 흡수되는 효율을 높이는 역할을 해요.

대장(大腸)	大(큰 대) 腸(창자 장): 큰창자. 소장의 끝으로부터 항문에 이르는 소화 기관

소장과 비교했을 때 크기가 커서 붙여진 이름이에요. 소장보다 굵고 짧으며, 사람의 대장은 1.5m 가량이지요. 대장에서는 소화액이 분비되지 않아 소화 효소에 의한 영양소의 소화는 일어나지 않고, 소장에서 흡수되지 않고 남은 음식물에서 수분을 흡수하고 대변을 만드는 일을 해요.

간(肝)	肝(간장 간): 배의 오른쪽 위에 있는 암적갈색의 장기

간은 쓸개즙을 만들고, 인슐린의 도움을 받아 포도당을 글리코겐의 형태로 변환하는 기관이에요. 알코올을 분해하고, 여러 독성 물질(니코틴, 카페인)을 해독할 뿐만 아니라 아미노산의 분해 과정에서 생성되는 해로운 암모니아를 요소로 바꿔 주기도 하지요. 간은 또한 혈액 응고에 관여하는 물질을 합성하고, 탄수화물과 단백질을 지방으로 변환시키는 작용도 해요. 이 외에도 간은 적혈구의 파괴에도 관여하는 등 여러 가지 중요한 작용을 하는 인체 내 화학 공장이라고 할 수 있어요.

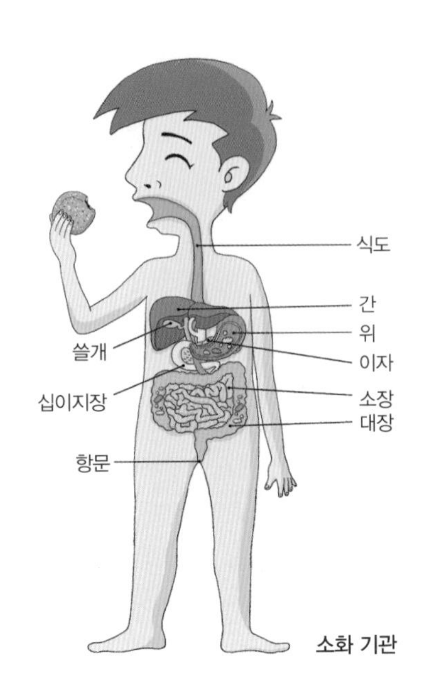

소화 기관

소화 효소 (消化酵素)	消(사라질 소) 化(될 화) 酵(삭힐 효) 素(바탕 소): 음식물의 소화를 도와주는 효소

효소란 반응속도가 느린 화학 반응을 빠르게 일어나도록 도와주는 물질을 말해요. 따라서 소화 효소는 소화 과정을 빠르게 돕는 효소인 것이죠. 몸 안에서 짧은 시간에 소화가 이루어지는 것은 소화 기관의 활발한 운동으로 음식물이 부서질 뿐만 아니라 소화액 속에 효소라는 물질이 있어 음식물 속의 영양소를 분해하는 화학 반응을 촉진하기 때문이에요. 소화 효소에는 아밀레이스, 펩신, 트립신, 라이페이스 등이 있어요.

아밀레이스 amylase	녹말을 분해하는 효소

아밀라아제라고도 하며 녹말을 엿당으로 분해하는 효소로 탄수화물 소화를 위해 필수적인 효소예요. 사람에게는 침에 많이 함유되어 있고 이자에서도 생성돼요. 이처럼 아밀레이스는 침에 들어 있어서 음식을 씹으면 침 속의 아밀레이스가 녹말을 1차로 분해하지요. 엿당은 포도당이 2개 결합된 것으로 녹말에 비해 크기가 작아요.

펩신pepsin	위액에 들어 있는 단백질 분해 효소

펩신이란 이름은 소화를 의미하는 pepsis에서 유래되었어요. 위액에 들어 있는 소화 효소로 음식물에 들어 있는 단백질을 중간 단계로 분해해요. 펩신은 강한 산성에서 잘 작용하기 때문에 염산이 없으면 작용을 못하며, 위벽에서 염산이 나와야만 제대로 작용을 할 수가 있어요.

트립신trypsin	이자액에 들어 있는 단백질 분해 효소

이자액에는 탄수화물, 단백질, 지방의 분해를 돕는 효소가 모두 들어있는데 그 중에서 단백질의 분해를 돕는 효소가 트립신이에요. 트립신은 장액에 들어있는 다른 단백질 분해 효소와 함께 단백질을 아미노산이라는 가장 작은 형태로 분해해요.

라이페이스lipase	이자액에 들어 있는 지방 분해 효소

소장에서 지방을 분해하는 소화 효소가 라이페이스예요. 녹말은 입에서 아밀레이스에 의해 분해되기 시작하고, 단백질은 위에서 펩신에 의해서 분해되기 시작하는데, 지방은 소장으로 내려올 때까지 분해되지 않다가 소장에서만 분해되는 거예요.

03 | 혈액의 순환

우리 몸의 세포는 생명활동에 필요한 물질을 얻고, 그 결과로 생긴 노폐물을 내보내야 한다. 이러한 물질들은 혈액에 의해 온몸의 여러 기관으로 운반된다. 또한 혈액은 열을 운반하기도 한다. 간이나 근육 등의 세포에서 열이 발생하면 그 주변을 지나가는 혈액이 데워진다. 따뜻해진 혈액은 순환하면서 온도가 낮은 부위로 열을 전달하게 되어, 열이 몸 전체에 고르게 퍼지게 되는 것이다.

혈구(血球)	血(피 혈) 球(공 구): 혈액의 고체 성분

혈액을 분리시키면 두 층으로 나뉘어요. 위층의 투명하고 노란 액체는 혈장이고, 아래층에 가라앉는 것은 고체 성분인 혈구예요. 혈구는 혈액 속의 세포로 적혈구, 백혈구, 혈소판으로 크게 세 종류로 구분되고, 혈액의 약 45%를 차지하지요.

적혈구(赤血球)	赤(붉을 적) 血(피 혈) 球(공 구): 붉은 색깔 혈구

혈구 중에 수가 가장 많으며 핵이 없고 가운데가 오목하게 들어간 원반 모양의 세포를 말해요. 적혈구에는 헤모글로빈이라는 붉은 색소가 있기 때문에 혈액이 붉게 보여요. 헤모글로빈은 산소와 결합하거나 분리될 수 있어 세포에 산소를 공급하는 역할을 해요. 적혈구의 수가 정상보다 적으면 빈혈 증세가 나타날 수 있어요.

백혈구(白血球)	白(흰 백) 血(피 혈) 球(공 구): 흰 색깔 혈구

적혈구보다 크고 모양이 일정하지 않아요. 혈구 중에 유일하게 핵을 가지고 있으며 그 수가 가장 적어요. 백혈구는 외부에서 몸속으로 들어오는 각종 세균들을 잡아먹는데 이를 식균 작용이라고 해요. 세균 감염에 의해 몸에 염증이 생기면 백혈구의 수가 증가해요. 백혈병은 제대로 기능을 할 수 없는 백혈구들이 많아져서 면역력이 약해지는 병을 말해요.

혈소판(血小板)	血(피 혈) 小(작을 소) 板(널판지 판): 혈액 안에서 피를 엉기게 하는 작은 널빤지 꼴의 물체

모양이 일정하지 않으며, 핵도 없어요. 다들 축구나 농구 같은 운동을 하다가 넘어져 타박상을 입어 피가 난 적이 있죠? 혈소판은 몸에 상처가 났을 때 혈액을 응고시켜 딱지가 생기도록 해서 더 이상 출혈이 일어나지 않도록 해줘요. 혈소판의 수가 정상보다 적으면 혈액 응고가 늦어지게 되고, 코피가 잘 나고 멍도 잘 들며, 심하면 과다 출혈로 사망할 수 있어요.

혈장(血漿)	血(피 혈) 漿(즙 장): 혈액의 액체 성분

혈액 중 혈구를 제외한 나머지 액체 성분을 말하며, 혈액의 55% 정도를 차지해요. 혈장은 대부분 물로 이루어져 있고, 일부 단백질이 들어 있어요. 물속에는 소장에서 흡수한 포도당, 아미노산, 무기염류, 비타민 등의 여러 가지 성분이 있어요. 이 성분들은 혈장을 따라 온몸의 세포들로 이동해요.

심장(心臟)	心(심장 심) 臟(오장 장): 순환계의 중심 기관

혈액을 온몸으로 내보내는 펌프 역할을 하는 순환계의 중심 기관이에요. 심장의 규칙적인 수축과 이완 운동을 심장 박동이라 하는데, 심방과 심실은 동시에 수축하지 않고 교대로 수축해요. 심장은 몸에서 떼어내도 일정 시간 박동이 계속되는데 이것은 심장 스스로가 박동을 일으키기 때문이에요. 몸의 상태나 감정에 따라서 심장 박동 수가 조절되기도 해요.

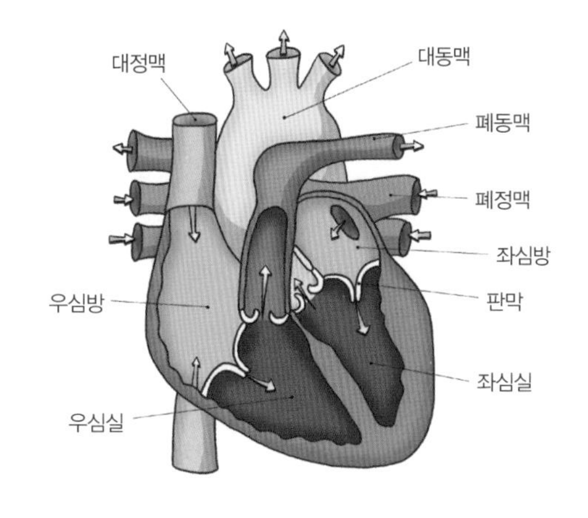

심장의 구조

심방(心房)	心(심장 심) 房(방 방): 피를 정맥에서 받아들이는 심장에 있는 방
심실(心室)	心(심장 심) 室(집 실): 피를 몸의 각 부분으로 보내는 심장에 있는 집

심장의 안쪽 공간은 두꺼운 벽을 경계로 심방과 심실로 나누어지게 되고, 각각 얇은 벽에 의해 다시 좌우로 나누어지게 되어 심방은 또다시 좌심방, 우심방으로 구분돼요. 심방은 심장으로 들어오는 혈관인 정맥과 연결되어 있어 온몸과 폐를 돌고 온 혈액을 받아들여요. 좌심방은 폐를 돌고 온 혈액을 운반하는 폐정맥과 연결되어 있고, 우심방은 온몸을 돌고 온 혈액을 운반하는 대정맥과 연결되어 있어요.
심실도 심방과 마찬가지로 좌심실과 우심실로 구분돼요. 심실 벽의 근육층은 심방 벽보다 훨씬 두꺼우며 특히 온몸으로 혈액을 보내는 좌심실의 벽이 가장 두꺼워요. 심실에는 심장에서 나가는 혈관인 동맥과 연결되어 있어요. 좌심실에는 대동맥이 연결되어 있고, 우심실에는 폐동맥이 연결되어 있어요.

혈관(血管)	血(피 혈) 管(대롱 관): 혈액이 이동하는 관

혈액이 이동하는 통로를 말해요. 심장에서 나온 혈액은 온몸에 퍼져있는 혈관을 따라 한 방향으로 이동하며, 필요한 곳에 산소와 영양분을 공급하고, 노폐물이 만들어진 곳에서 노폐물을 받아 다른 곳으로 이동시켜요. 혈관은 동맥, 정맥, 모세혈관으로 구분할 수 있어요.

동맥(動脈)	動(움직일 동) 脈(혈관 맥): 심장에서 나오는 혈액을 몸의 각 부분으로 보내는 혈관

심장에서 나오는 혈액이 흐르는 혈관이에요. 심실의 강한 수축에 의해 밀려 나오는 빠른 혈액의 높은 압력을 견딜 수 있어야 하므로 동맥은 탄력이 크고 두꺼운 근육층으로 이루어져 있어요. 동맥에는 대동맥과 폐동맥이 있는데 좌심실에서 온몸으로 혈액을 내보내는 혈관을 대동맥, 우심실에서 폐로 혈액을 내보내는 혈관을 폐동맥이라고 해요.

정맥(靜脈)	靜(고요할 정) 脈(혈관 맥): 심장으로 들어오는 혈액이 흐르는 혈관

심장으로 들어오는 혈액이 흐르는 혈관이에요. 동맥보다 탄력이 작고 얇은 근육층으로 이루어져 있어요. 정맥에 흐르는 혈액은 동맥보다 혈압이 낮고, 곳곳에 판막이 있어 혈액이 거꾸로 흐르는 것을 막아줘요. 온몸에서 혈액이 심장으로 들어오는 혈관을 대정맥, 폐에서 혈액이 심장으로 들어오는 혈관을 폐정맥이라 해요.

모세혈관(毛細血管)	毛(털 모) 細(가늘 세) 血(피 혈) 管(대롱 관): 동맥과 정맥을 이어주는 털과 같이 가느다란 혈관

동맥과 정맥을 이어 주는 가느다란 혈관이에요. 모세혈관은 몸속에 그물처럼 퍼져 있어 총 단면적이 넓고, 혈액의 흐름이 느려요. 모세혈관 벽은 한 층의 세포로 이루어져 있어 조직 세포와 혈액 사이에 영양소와 노폐물 및 산소와 이산화탄소의 물질 교환이 쉽게 일어나요.

혈압(血壓) blood pressure	血(피 혈) 壓(누를 압): 혈액이 혈관 속을 흐를 때 혈관의 벽이 받는 압력

혈액이 혈관 속을 흐를 때 혈관의 벽이 받는 압력을 혈압이라고 해요. 좌심실에 연결된 대동맥의 혈압이 가장 높아요. 성인의 표준 혈압은 수축기 혈압이 약 120mmHg, 이완기 혈압이 약 80mmHg이에요. 표준 혈압은 성별, 나이에 따라 차이가 날 수 있어요.

맥박(脈搏) pulse	脈(혈관 맥) 搏(두드릴 박): 심장박동에 의해 심장에서 나오는 혈액이 동맥의 벽에 닿아서 생기는 주기적인 파동

심장박동에 의해 심장에서 나오는 혈액이 동맥의 벽에 닿아서 생기는 주기적인 파동이에요. 손목이나 귀밑의 목 등에서 쉽게 맥박이 뛰는 걸 느낄 수 있는데, 맥박의 빠르기나 강하고 약한 정도로 심장의 상태를 알 수 있어요. 일반적으로 성인의 맥박수는 분당 60~80회 정도예요.

체순환(體循環)	體(몸 체) 循(돌 순) 環(고리 환): 혈액을 온몸에 전달해 주는 순환

혈액이 심장에서 나온 후 온몸을 거쳐 심장으로 돌아오는 순환이에요. 좌심실에서 시작되며 대동맥을 통해 심장을 나간 혈액은 모세혈관에 도달해요. 모세혈관에서 혈액은 조직 세포에 필요한 산소와 영양소를 공급해 주고, 이산화탄소와 노폐물을 받아 대정맥을 통해 우심방으로 들어오게 돼요.

체순환 : 좌심실 ➡ 대동맥 ➡ 온몸 ➡ 대정맥 ➡ 우심방

폐순환(肺循環)	肺(허파 폐) 循(돌 순) 環(고리 환): 혈액이 심장과 폐 사이만을 순환

심장에서 나온 혈액이 폐를 거쳐 돌아오는 순환이에요. 우심방으로 들어온 혈액은 우심실로 이동한 후 폐동맥을 거쳐 폐로 이동하고 폐의 모세혈관에서 혈액은 이산화탄소를 내보내고 산소를 받아들인 후, 폐정맥을 통해서 좌심방으로 들어오게 돼요.

폐순환 : 우심실 ➡ 폐동맥 ➡ 폐 ➡ 폐정맥 ➡ 좌심방

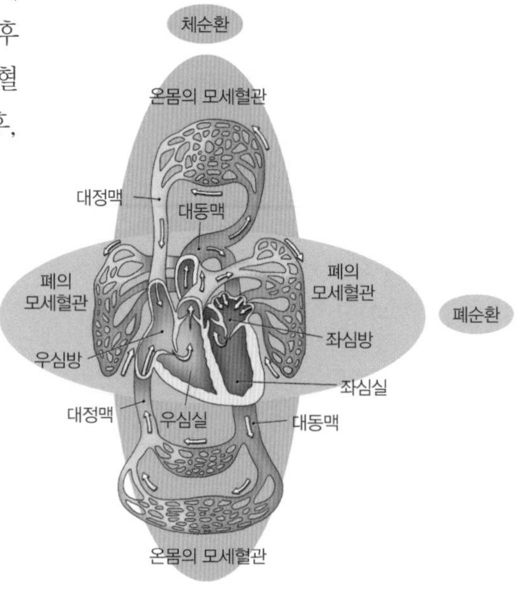

혈액의 순환

04 | 호흡

사람은 생명 활동에 필요한 산소를 받아들이고, 몸속에서 생긴 이산화탄소를 내보내기 위해 끊임없이 호흡해야 한다. 사람의 호흡 기관에는 코, 기관, 기관지, 폐 등이 있다.

기관(氣管)	氣(공기 기) 管(대롱 관): 공기가 드나드는 관

공기가 드나드는 관을 말해요. 기관이 폐까지 바로 연결되어 있는 것은 아니고 기관지라는 가지로 양쪽으로 나뉘어 폐까지 연결돼요. 기관지는 폐 쪽으로 가면서 가지를 쳐 매우 가느다란 가지를 형성하는데 이 가느다란 가지의 끝이 폐포와 연결돼요. 결국 여러 갈래의 기관지가 폐에 있는 폐포와 만나서 산소와 이산화탄소가 이동하게 되는 것이지요.

폐포(肺胞)	肺(허파 폐) 胞(세포 포): 기관지의 끝에 달려 있는 한 층의 얇은 막으로 이루어진 주머니

한 층의 얇은 막으로 이루어진 공기 주머니를 말해요. 폐는 수많은 폐포로 이루어져 있어 표면적이 매우 넓어 공기와 혈액 사이의 기체 교환이 효과적이고 빠르게 일어날 수 있는 것이에요. 폐 속에 들어온 산소는 폐포에서 모세혈관 속으로 이동하여 온몸으로 전달되고, 몸에서 만들어진 이산화탄소는 모세혈관에서 폐포로 이동하여 밖으로 나가게 돼요.

흉강(胸腔)	胸(가슴 흉) 腔(속 빌 강): 가슴 속의 빈 공간

횡격막과 갈비뼈로 둘러싸인 가슴 속의 빈 공간을 말해요. 흉강의 부피와 압력에 따라 폐가 공기를 들이마시고 내쉴 수 있어요. 흉강의 부피가 늘어나면 폐로 공기가 들어오고, 흉강의 부피가 줄어들면 공기가 나가게 돼요.

갈비뼈rib	가슴을 구성하는 뼈. 가슴우리(또는 흉강)를 형성하는 긴 곡선의 뼈들

갈비뼈는 좌우 12개씩 있는데 우리 몸의 심장 같은 중요한 기관을 보호하는 역할을 해요. 사람의 폐는 근육이 없어 스스로 움직일 수 없기 때문에 횡격막과 갈비뼈의 움직임에 의해 호흡 운동이 일어나게 돼요. 숨을 들이쉴 때에는 갈비뼈가 위로 올라가고, 숨을 내쉴 때에는 갈비뼈가 아래로 내려가는 것이죠.

횡격막(橫隔膜)	橫(가로 횡) 隔(사이 뜰 격) 膜(막 막): 가로막. 가슴과 배를 나누는 근육으로 된 막

가로막이라고도 하며 가슴과 배를 나누는 근육으로 된 막이에요. 횡격막이 내려가고 갈비뼈가 올라가면 흉강의 부피가 증가해 가슴 안의 압력이 바깥보다 작아져 바깥의 공기가 폐 속으로 들어오게 되는데, 이를 들숨이라 해요. 반대로, 횡격막이 올라가고 갈비뼈가 내려가면 흉강의 부피가 감소해 가슴 안의 압력이 바깥보다 커져 폐 속에 있는 공기가 밖으로 나가게 되는데, 이를 날숨이라 하지요.

외호흡(外呼吸)	外(바깥 외) 呼(내쉴 호) 吸(마실 흡): 바깥에서 일어나는 호흡. 생물이 산소를 몸 안으로 받아들이고 이산화탄소를 배출하는 일
내호흡(內呼吸)	內(안 내) 呼(내쉴 호) 吸(마실 흡): 안에서 일어나는 호흡. 조직 세포와 모세혈관 사이에서 일어나는 기체 교환

외호흡은 폐포와 모세혈관 사이에서 일어나는 기체 교환을 말해요. 호흡 운동으로 폐 속으로 들어온 산소는 폐포에서 모세혈관으로 이동해요. 혈액 속의 이산화탄소는 모세혈관에서 폐포로 이동하고 숨을 내쉴 때 몸 밖으로 나가게 돼요. 산소는 적혈구에 의해 혈관을 따라 온몸으로 이동하고, 이산화탄소는 주로 혈장에 의해 이동해요. 이에 반해 내호흡은 조직 세포와 모세혈관 사이에서 일어나는 기체 교환을 말해요. 혈액 속의 산소는 모세혈관에서 조직 세포로 이동해요. 조직 세포는 에너지를 만들 때 산소를 사용하는데 이 과정에서 이산화탄소가 생성돼요. 생성된 이산화탄소는 조직 세포에서 모세혈관으로 이동하게 되는 것이고요.

05 배설

우리 몸을 구성하는 세포들은 생명 활동에 필요한 에너지를 얻기 위해 세포 호흡을 하여 영양소를 분해한다. 그 결과 이산화탄소, 물, 암모니아 등과 같은 노폐물이 생긴다. 이산화탄소는 숨을 내쉴 때, 물은 땀이나 오줌의 형태로, 암모니아는 독성이 약한 물질로 바뀌어 내보내진다. 이와 같이 체내에서 생긴 노폐물을 몸 밖으로 내보내는 작용을 배설이라고 한다.

배설(排泄)	排(밀어낼 배) 泄(없앨 설): 몸 안에 있는 노폐물을 몸 밖으로 내보내는 일

체내에서 영양소가 분해되거나 세포의 호흡으로 인해 생긴 노폐물을 몸 밖으로 내보내는 작용을 말해요. 배설작용으로 몸속 노폐물을 몸 밖으로 내보내는 일을 하기도 하지만, 땀으로 체온을 조절하거나, 체액의 농도를 일정하게 유지하는 등의 항상성에도 중요한 역할을 해요.

콩팥kidney	몸속에 생긴 노폐물을 오줌의 형태로 만들어 배설하는 기능을 담당하는 기관

몸속에 생긴 노폐물을 오줌의 형태로 만들어 배설하는 기능을 담당하는 기관이에요. 콩팥은 주먹만 한 크기로 강낭콩 모양처럼 생겼으며 횡격막 아래의 등 쪽에 좌우 두 개가 있어요. 콩팥의 바깥쪽을 겉질, 안쪽을 속질이라 하며 속질 안쪽에는 신우가 있어요. 겉질에는 혈관이 많이 분포되어 있기 때문에 콩팥이 붉게 보여요. 걸러진 노폐물들은 신우에 연결된 오줌관을 통해 방광으로 내려가게 돼요. 콩팥에서는 여과, 재흡수, 분비의 과정을 거쳐서 혈액에 있던 노폐물들이 오줌으로 배출되는 거예요.

네프론nephron	소변을 만들어내는 콩팥의 구조와 기능의 기본 단위

콩팥에서 오줌을 생성하는 기능적 단위를 말해요. 콩팥에는 100만 개 정도의 네프론이 존재하며 네프론에서 노폐물을 걸러내요. 네프론은 사구체, 보먼주머니, 세뇨관으로 이루어져 있답니다.

사구체(絲球體)	絲(실 사) 球(공 구) 體(몸 체): 콩팥 동맥에서 나온 모세혈관이 실이 뭉친 공처럼 생긴 덩어리

네프론을 구성하는 핵심 구조물로 콩팥 동맥에서 나온 모세혈관이 실이 뭉친 공처럼 생긴 덩어리예요. 콩팥으로 들어오는 혈관을 신동맥이라 하는데, 여기에는 노폐물이 많이 들어 있어요. 이 혈관이 사구체를 지나면서 사구체의 압력에 의해 혈액 속에 있는 물질들을 보먼주머니로 내보내게 되는 거예요.

보먼주머니 Bowman's capsule	사구체를 감싸고 있는 주머니

사구체를 감싸고 있는 주머니를 말해요. 보먼주머니는 두 겹으로 이루어져 있어요. 한 겹은 매우 얇으며 사구체의 모세혈관과 맞닿아 있고, 다른 한 겹은 약간 두꺼우며 사구체와 떨어져 있어 두 겹 사이에 약간의 공간이 생겨요. 이 공간에 사구체로부터 보먼주머니로 여과된 물질이 들어가게 돼요.

세뇨관(細尿管)	細(가늘 세) 尿(오줌 뇨) 管(대롱 관): 오줌이 지나가는 가느다란 관

보먼주머니에 연결된 매우 가느다란 관이에요. 보먼주머니에서 걸러진 오줌은 세뇨관을 지나가게 돼요. 사구체에서 나온 모세혈관이 주위를 둘러싸고 있어 재흡수와 분비 과정을 통해 배설할 오줌이 만들어지게 되는 거지요.

오줌관	콩팥에서 만들어진 오줌을 방광으로 나르는 관

콩팥의 신우에서 방광까지 연결된 관으로 콩팥에서 만들어진 오줌을 방광까지 운반하는 역할을 해요. 콩팥에는 오줌관이 연결되어 있고, 오줌관의 끝에는 방광이 연결되어 있어요.

방광(膀胱)	膀(오줌통 방) 胱(오줌통 광): 오줌통. 콩팥에서 오줌관을 통해 운반된 오줌을 저장했다가 몸 밖으로 배출시키는 기관

콩팥에서 오줌관을 통해 운반된 오줌을 저장했다가 일정량이 모이면 요도를 통해 몸 밖으로 배출시키는 기관이에요. 방광의 크기와 모양은 방광에 저장되어 있는 오줌의 양에 따라 변하는데, 오줌이 적게 저장되어 있거나 없을 때에는 납작한 구형으로 많은 주름을 볼 수 있고, 오줌이 많아질수록 계란형으로 변하게 돼요. 방광의 용량은 성인 남성의 경우 약 600 mL이고, 최대 용량은 약 800 mL이며, 여성은 남성의 $\frac{5}{6}$정도가 된다고 해요.

여과(濾過)	濾(거를 여) 過(지날 과): 걸러서 지나가다. 크기 차이를 이용하여 액체 속에 들어있는 입자를 분리하는 방법

크기 차이를 이용하여 액체 속에 들어있는 입자를 분리하는 방법이에요. 학교 과학실에서 볼 수 있는 거름종이도 여과지에 속해요. 노폐물을 포함한 혈액은 콩팥 동맥을 거쳐 사구체로 이동을 해요. 여과는 사구체에서 보먼주머니로 혈액 성분이 빠져나갈 때 일어나는데, 사구체의 모세혈관 벽은 매우 얇아서 혈장 성분인 무기염류, 요소, 포도당, 아미노산, 물 등 작은 물질은 여과되어 빠져나가고 혈구, 단백질과 같이 큰 물질은 여과되지 않고 걸러져 남게 돼요.

재흡수(再吸收) 분비(分泌)	再(다시 한번 재) 吸(마실 흡) 收(거둘 수): 다시 빨아서 거두어 들임 分(나눌 분) 泌(분비할 비): 콩팥의 세뇨관을 둘러싼 모세혈관에서 세뇨관으로 노폐물이 내보내지는 과정

재경기, 재시험 같은 단어들은 들어본 적이 있죠? 재흡수는 다시 한번 흡수한다는 뜻이에요. 사구체에서 여과된 성분 중 포도당 · 아미노산은 모두, 물은 대부분이, 무기염류는 필요에 따라 적당량이 세뇨관을 둘러싸고 있는 모세혈관으로 다시 흡수되는데 이를 재흡수라 해요.
또한 콩팥의 세뇨관을 둘러싼 모세혈관에서 세뇨관으로 노폐물이 보내지는데, 이 과정을 분비라고 해요. 사구체에 미처 보내지 못해 혈액 속에 남아 있던 노폐물들이 분비 과정을 통해 오줌으로 내보내지게 돼요.

3 자극과 반응

우리 몸은 항상 주변의 다양한 형태의 외부 환경 변화와 마주하고 있다. 이처럼 외부 환경 변화가 다양하듯이 환경 변화를 감지하는 신체의 장치 또한 다양하게 발달되어 왔다. 외부 환경의 변화를 받아들이는 눈, 귀, 코, 입, 피부 등과 같은 신체의 기관을 감각 기관이라고 하며, 각각의 감각 기관에는 자극을 받아들이는 감각 수용기가 있다. 각각의 감각 수용기는 특정한 자극만을 민감하게 받아들인다.

모든 동물은 주위의 자극에 대하여 적절히 반응해야만 생존할 수 있으며, 사람의 경우에도 예외가 아니다. 우리는 외부 환경의 변화에 대하여 신경계와 내분비계를 통해 반응한다. 때로는 신경계 단독으로도 섬세한 운동을 정확히 조절할 수 있지만, 많은 경우 신경계와 내분비계는 서로 협동하여 외부 자극에 대해 반응을 나타낸다. 즉 우리 몸은 신경 신호와 호르몬의 상호 작용에 의하여 위험이나 스트레스 등에 대처하고 있다.

01 자극과 감각 기관

시각(視覺) | **명암 조절**(明暗調節) | **원근 조절**(遠近調節) | **근시**(近視) | **원시**(遠視) | **청각**(聽覺) · **평형 감각**(平衡感覺) | **후각**(嗅覺) | **미각**(味覺) | **피부 감각**(皮膚感覺)

02 신경계

신경(神經) | **신경계**(神經系) | **뉴런**(neuron) | **뇌**(腦) | **대뇌**(大腦) | **소뇌**(小腦) | **중뇌**(中腦) | **간뇌**(間腦) | **연수**(延髓) | **척수**(脊髓) | **반응**(反應) | **무조건 반사**(無條件反射) · **조건 반사**(條件反射)

03 약물과 건강

진정제(鎭靜劑) | **흥분제**(興奮劑) | **환각제**(幻覺劑) | **내분비샘**(內分泌-) | **외분비샘**(外分泌-) | **혈당량**(血糖量)

04 호르몬

뇌하수체(腦下垂體) | **갑상선**(甲狀腺) | **부신**(副腎) | **이자**(pancreas) | **정소**(精巢) · **난소**(卵巢)

01 자극과 감각 기관

우리 몸에는 감각 기관이 있어 주변으로부터 여러 가지 정보를 받아들인다. 시각은 각막→수정체→유리체→망막→시신경→대뇌의 경로로 형성되며, 청각은 귓바퀴→귓구멍→고막→청소골→달팽이관→청신경→대뇌의 경로로 형성된다. 또 후각은 코→후각 세포→후각 신경→대뇌의 경로로 형성되며, 미각은 혀→유두→미뢰(미각 세포)→미각 신경→대뇌의 경로로 형성된다.

시각(視覺) light sense	視(볼 시) 覺(깨달을 각): 사물을 보는 감각. 눈을 통해 빛의 자극을 받아들이는 감각 작용

사람은 눈을 통해 물체의 모양, 색깔, 밝기 등을 볼 수 있는데 그러려면 반드시 빛이 필요해요. 외부에서 눈으로 들어온 빛은 각막을 지나 홍채 사이에 있는 동공에 의해 굴절된 뒤 수정체로 들어간 후 다시 한번 굴절돼 유리체를 통과한 후 망막에 상을 맺으면서 시각 세포를 흥분시켜요. 시각 세포의 흥분이 시각 신경을 따라 대뇌로 이동하면 사물을 인식하게 되는 거예요.

시각의 전달 과정: 각막 ➡ 수정체 ➡ 유리체 ➡ 망막 ➡ 시신경 ➡ 대뇌

명암 조절 (明暗調節)	明(밝을 명) 暗(어두울 암) 調(조절할 조) 節(절제할 절): 밝고 어두움의 조절

물체를 선명하게 보기 위해서는 눈에 들어오는 빛의 양과 물체의 거리에 따른 초점을 상황에 따라 정확하게 조절해야 돼요. 터널같이 어두운 곳에 들어갈 때 눈으로 들어오는 빛의 양이 감소하니까 동공을 크게 하여 들어오는 빛의 양을 증가시키고, 영화가 끝나고 불이 켜져 환해질 때나 밤에 물건을 찾으려고 불을 켤 때는 빛의 양이 증가하니까 동공을 작게 하여 빛이 조금 들어오도록 해요.

원근 조절 (遠近調節)	遠(멀 원) 近(가까울 근) 調(조절할 조) 節(절제할 절): 멀고 가까움의 조절

가까이 있거나 멀리 있는 물체를 보기 위해서 수정체의 두께를 조절해 초점을 맞추게 돼요. 가까운 곳에 있는 물체를 볼 때는 수정체가 두꺼워지고, 먼 곳에 있는 물체를 볼 때에는 수정체가 얇아져요. 나이가 많아질수록 원근 조절 능력이 감소해요.

근시(近視)	近(가까울 근) 視(보일 시): 가까운 곳이 보이다. 가까운 곳에 있는 물체는 잘 보이지만 먼 곳에 있는 물체는 선명하게 보지 못하는 시력

가까운 곳에 있는 물체는 잘 보이지만 먼 곳에 있는 물체는 흐릿하게 보이는 것을 말해요. 선천적으로 안구의 길이가 길거나, 수정체가 두꺼워 초점 거리가 짧으므로 상이 망막보다 앞쪽에 맺히게 돼요. 오목 렌즈가 빛을 퍼지게 하기 때문에 오목 렌즈로 상을 뒤로 이동시켜 상을 망막에 정확히 맺히게 할 수 있어요.

원시(遠視)	遠(멀 원) 視(보일 시): 먼 곳이 보이다. 먼 데 것은 잘 보이고 가까운 데 것은 잘 보이지 않는 시력

근시와 반대로 가까운 곳에 있는 물체가 흐릿하게 보이는 것을 말해요. 선천적으로 안구의 길이가 짧거나, 수정체가 얇아서 초점 거리가 길어 상이 망막보다 뒤쪽에 맺히게 돼요. 볼록 렌즈는 빛을 모으기 때문에 볼록 렌즈로 상을 앞으로 당겨 망막에 정확히 맺히게 할 수 있어요.

청각(聽覺) auditory sense	聽(들을 청) 覺(깨달을 각): 소리를 듣는 감각
평형 감각(平衡感覺)	平(평평할 평) 衡(평평할 형) 感(느낄 감) 覺(깨달을 각): 평평함을 느끼는 감각

공기의 진동이 귀를 통해 뇌에 전해지면 소리를 듣게 돼요. 사람의 귀는 외이, 중이, 내이의 세 부분으로 구성되어 있어요. 공기의 진동은 먼저 외이의 귓바퀴를 통해 들어오고 고막을 진동시켜요. 고막의 진동은 귓속뼈를 통해 달팽이관으로 전달되며, 달팽이관의 청각 세포가 흥분하면 그 신호가 청각 신경을 통해 대뇌로 전달되어 소리를 들을 수 있게 돼요.
귀는 청각 기관일 뿐만 아니라 몸의 평형을 유지하기 위한 평형 감각 기관이기도 해요. 사람의 내이에는 전정기관과 반고리관이 있는데, 전정기관은 몸이 기울어지는 것을 감지하고, 반고리관은 몸의 회전을 감지하여 몸이 균형을 유지하도록 해요.

소리의 전달 과정: 귓바퀴 ➡ 귓구멍 ➡ 고막 ➡ 청소골 ➡ 달팽이관 ➡ 청신경 ➡ 대뇌

후각(嗅覺)
sense of smell

嗅(맡을 후) 覺(깨달을 각): **냄새를 맡는 감각**

코는 냄새를 감지하는 기관이에요. 코 천장에는 후각 세포가 있는데, 기체 상태의 물질이 콧속으로 들어오면 후각 세포가 이 자극을 받아들여 후각 신경을 통해 뇌까지 전달해요. 후각은 다른 감각에 비해 매우 예민한 편이지만 쉽게 무뎌지는 특성이 있어 같은 냄새를 오랫동안 맡으면 나중에는 잘 느끼지 못해요.

후각의 형성 과정: 코 ➡ 후각 세포 ➡ 후각 신경 ➡ 대뇌

미각(味覺) taste sense

味(맛 미) 覺(깨달을 각): **맛을 느끼는 감각**

혀의 표면에는 조그마한 돌기인 유두가 있는데, 유두 옆면에 미각을 감지하는 미뢰가 있어요. 미뢰에는 미각 세포가 있어 맛을 느낄 수 있는데 미각 세포를 자극하면 이 자극이 미각 신경을 통해 뇌까지 전달돼요. 우리가 혀로 느낄 수 있는 맛은 단맛, 짠맛, 신맛, 쓴맛, 감칠맛의 다섯 가지가 있어요. 그럼 느끼한 맛, 고소한 맛 등 나머지 다양한 맛들은 어떻게 느낄 수 있냐고요? 나머지 맛을 느낄 수 있는 이유는 코가 있기 때문이에요. 그래서 감기가 걸려서 코가 막히면 음식 맛을 제대로 느낄 수가 없는 것이죠.

미각의 형성 과정: 혀 ➡ 유두 ➡ 미뢰(미각 세포) ➡ 미각 신경 ➡ 대뇌

피부 감각(皮膚感覺)

皮(가죽 피) 膚(살갗 부) 感(느낄 감) 覺(깨달을 각): **피부에 있는 감각점에 의하여 느끼는 감각**

피부로 느낄 수 있는 감각에는 접촉을 감지하는 촉각, 아픔을 감지하는 통각, 압력을 감지하는 압각, 차가움 · 따뜻함을 감지하는 냉온각 등 다양한 감각들이 있어요. 또 간지러움, 가려움 따위의 감각도 있고요. 이러한 감각들은 피부의 감각점을 통해 외부의 자극을 받아들이고, 감각점에서 자극을 받으면 감각 신경을 통해 뇌까지 전달되어 감각을 느끼게 되는 거예요.

02 | 신경계

감각 기관이 받아들인 자극에 대해 적절하게 반응할 수 있는 것은 이들 사이를 연결해 주는 신경계가 있기 때문이다. 신경계는 감각 기관에서 보내는 정보를 받아들이고 분석하여 반응기에 적절한 명령을 내보낸다. 또 외부 환경의 변화에 대해 내부 상태를 일정하게 유지하는 데에도 관여한다. 사람의 신경계는 크게 중추 신경계와 말초 신경계로 구분한다.

신경(神經) nerve	神(정신 신) 經(길 경): 각 기관을 연결하는 길

'신경이 예민하다.'라는 말 가끔 쓰죠? 신경은 각 기관을 연결하는 길이에요. 온몸에 다 있으며 중추신경, 말초신경, 운동신경, 자율신경, 감각신경으로 나눌 수 있어요. 감각 기관과 뇌, 척수를 연결하는 신경을 감각신경, 척수와 운동기관을 연결하는 신경을 운동신경이라고 해요.

신경계(神經系) nerve system	神(정신 신) 經(길 경) 系(묶을 계): 신경 다발을 통틀어 이르는 말

몸 전체에 퍼져있는 신경 다발을 통틀어 부르는 말이에요. 신경계는 크게 중추 신경계와 말초 신경계로 나눌 수 있어요. 중추 신경계는 뇌와 척수로 구성되어 있으며, 연합뉴런으로 구성되어 명령을 내리거나 정보를 통합하는 역할을 해요. 반면에 말초 신경계는 중추 신경계와 온몸의 조직이나 기관을 연결하는 신경으로 감각뉴런과 운동뉴런으로 구성되어 온몸의 각 부분과 정보를 주고받는 역할을 하지요.

뉴런 neuron	신경 세포. 신경계를 구성하는 기본 단위

신경계를 이루는 세포로서 모든 신경계의 구조적, 기능적 단위예요. 뉴런은 핵이 있는 신경 세포체와 신경 세포체에서 뻗어 나온 신경돌기들로 구성돼요. 신경 세포체는 뉴런의 생장과 물질대사를 주관하며 신경돌기는 자극을 받아들이는 가지돌기와 전달하는 축삭돌기로 구성되어 있어요. 뉴런은 종류에는 감각신경을 구성하는 감각뉴런, 뇌와 척수를 구성하는 연합뉴런, 운동신경을 구성하는 운동뉴런이 있어요.

뇌(腦) brain	腦(뇌 뇌): 신경계의 가장 중심이 되는 기관

중추 신경의 하나로 대뇌, 중뇌, 소뇌, 간뇌, 연수의 다섯 부분으로 나눌 수 있어요. 뇌는 중요한 부분이기 때문에 두개골로 둘러싸여 있어요. 혹시 뇌 사진을 본 적이 있나요? 뇌에 주름이 많이 있는 것을 볼 수 있는데, 뇌에 주름이 있는 이유는 머리를 많이 사용할수록 뇌세포가 늘어나게 되는데, 뇌는 두개골이라는 한정된 공간에 있기 때문에 뇌에 주름을 많아지게 해서 표면적을 늘려 그 공간에 뇌세포를 보유하기 위한 것이라고 해요.

대뇌(大腦)	大(큰 대) 腦(뇌 뇌): 뇌의 대부분을 차지하는 부분

대뇌는 뇌의 80%를 차지할 정도로 크고 좌반구와 우반구로 나누어져 있어요. 각종 감각 신경이 연결되어 있는 곳이며, 감각 기관이 받아들인 자극을 인식하고 판단하여 운동 기관에 명령을 내리는 일을 담당해요. 또한 사고, 판단, 추리, 분석, 기억 등 복잡한 기능에 관여해요.

소뇌(小腦)	小(작을 소) 腦(뇌 뇌): 대뇌의 뒤쪽 아래에 있는 조그만 뇌

소뇌는 대뇌 크기의 약 $\frac{1}{8}$ 정도가 되며 좌반구와 우반구로 나누어져 있어요. 소뇌는 운동기능을 조절하는 역할을 맡고 있으며, 특히 귀속에 있는 평형기관과 연결되어 평형 감각을 조절해요. 이외에도 근육의 긴장과 이완 같은 운동을 조절해요. 때문에 소뇌가 손상되면 근육이 마비되어 운동 자체가 불가능한 것은 아니지만, 근육이 잘 조절되지 않아 세밀한 운동을 하기가 어려워져요. 최근에는 소뇌에 문제가 생기면 언어 처리능력 저하나 자폐증 같은 문제도 나타나는 것으로 연구되어 소뇌의 기능에 대해 좀 더 많은 연구가 필요하다고 해요.

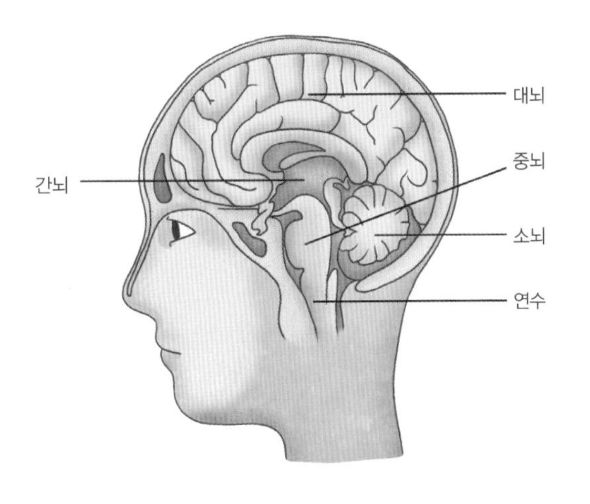

뇌의 구조

중뇌(中腦)

中(가운데 중) 腦(뇌 뇌): 머리의 한가운데에 있는 뇌

소뇌의 위쪽, 간뇌 바로 아래에 있어요. 눈의 움직임과 청각에 관여하고 소뇌와 함께 평형을 유지하는 데에도 참여해요. TV에서 의사들이 환자 눈에다가 손전등으로 빛을 비추는 장면을 한 번씩은 봤을 거예요. 눈에서 검은 부분이 동공인데 빛을 비춰 동공이 반응을 하는지 확인하는 거예요. 동공이 빛에 반응을 하면 홍채가 조절되어 동공이 작아져요. 그러면 아직 중뇌가 살아있다는 증거가 되죠.

간뇌(間腦)

間(사이 간) 腦(뇌 뇌): 대뇌와 소뇌 사이에 있는 뇌

대뇌와 소뇌 사이에 있다고 해서 붙여진 이름이에요. 몸에 있는 근육 중에서 사람이 마음대로 움직일 수 있는 근육은 소뇌에 의해 조절되지만, 사람이 마음대로 움직일 수 없는 근육은 간뇌에 의해 조절돼요. 또한 면역력과 체온을 조절하는 기능도 가지고 있어 몸의 항상성을 조절하는 중요한 역할을 해요.

연수(延髓)

延(늘일 연) 髓(골수 수): 척수까지 뻗어있는 뇌의 하부 구조

숨뇌라고도 하며 중뇌와 척수를 연결하는 부위예요. 연수는 자발적으로 호흡하게 해주고, 심장을 뛰게 해주며 혈압, 혈류 등 생체활동을 의식과 상관없이 일정하게 유지시켜주는 역할을 해요. 또한 음식을 먹을 때 음식을 잘 삼키게 해주는 기능과 혀를 잘 움직여 발음을 잘 내게 해주는 기능, 목소리를 내게 해주는 기능, 땀을 흘리는 기능, 분비를 조절하는 기능 등 주된 자율신경계 기능을 모두 맡고 있기 때문에 연수의 역할은 생명과 직결된다고 할 수 있어요. 연수와 관련된 질병은 뇌출혈, 뇌경색, 뇌종양 등이 있어요.

척수(脊髓)	脊(등마루 척) 髓(골수 수): 척추 안에 들어 있는 신경 중추

뇌와 함께 중추 신경계를 이루는 부분이에요. 감각신경과 운동신경은 척수에 연결되어 있어 뇌와 말초신경을 연결해 주고 있어요. 감각은 감각신경을 통해 척수를 지나 뇌에 전해지고, 뇌의 명령은 척수를 지나 운동신경을 통해 몸의 각 부분으로 전달돼요. 이렇게 척수가 존재하면 척수가 없는 생물에 비해 훨씬 빠른 속도로 뇌에 신호를 전달할 수가 있어요. 그래서 척추동물은 무척추동물에 비해 중추 신경계가 크게 발달되어 있어요. 급한 반응은 뇌를 거치지 않고 척수에서 명령을 내리기도 하는데 이를 무조건 반사라 하지요.

반응(反應)	反(돌이킬 반) 應(응할 응): 돌이켜 응하다. 자극에 대해 나타나는 여러 가지 변화

자극에 대해 나타나는 여러 가지 변화를 말해요. 자극이 주어졌을 때 반응이 나타나는 데까지 걸리는 시간을 반응 시간이라 하지요. 반응 시간은 사람마다 달라요. 반응에는 대뇌가 관여하는 의식적인 반응인 조건 반사와, 대뇌를 거치지 않고 일어나는 무조건 반사가 있어요.

무조건 반사(無條件反射)	無(없을 무) 條(가지 조) 件(조건 건) 反(돌이킬 반) 射(쏠 사): 무의식적으로 일어나는 반응
조건 반사(條件反射)	조건이 주어졌을 때의 반사. 경험에 의해 후천적으로 생긴 반사

무조건 반사는 대뇌가 관여하지 않고 반응이 일어나는 것을 말해요. 예를 들어 앉은 상태에서 다리를 편하게 두고 무릎뼈를 고무망치로 가볍게 치면 다리가 올라가는 현상, 뜨거운 것에 손을 댔을 때 손을 재빠르게 떼는 행동, 갑자기 공이 얼굴로 날아왔을 때 눈을 질끈 감는 행동 등이 무조건 반사에 속해요. 무조건 반사는 의식적 반응 보다 빨리 반응할 수 있어서 위험으로부터 사람을 보호하는데 중요한 역할을 해요. 이에 반해 조건 반사는 경험에 의해 후천적으로 생긴 반사를 말해요. 대뇌에 기억이 저장되었다가 비슷한 일이 일어난 경우 대뇌를 거쳐 반응을 해요. 신맛이 나는 음식을 먹은 뒤 그 음식을 보기만 해도 입에 침이 고이는 현상은 조건 반사에 속해요.

무조건 반사 경로: 자극 ➡ 감각기관 ➡ 감각신경 ➡ 반사 중추 ➡ 운동신경 ➡ 운동기관 ➡ 반응

03 | 약물과 건강

약물의 오남용은 인체에 많은 피해를 준다. 특히 마약과 같은 환각제는 신경 전달 물질과 같은 작용을 하여, 중추 신경을 심하게 자극하거나 억제함으로써 환각 작용을 일으킨다.

진정제(鎭靜劑)	鎭(진압할 진) 靜(고요할 정) 劑(약제 제): 중추 신경에 작용하여 고요하게 만드는 약

진정제는 중추 신경계를 억제하여 심장 박동과 호흡을 느리게 만들어 긴장을 완화시키고, 수면을 유도해요. 불면증이나 불안감을 해소하는 데 도움이 되지만, 오·남용을 하게 되면 판단력 상실, 혼수상태, 사망에 이를 수 있어 주의해야 해요. 진정제의 종류에는 술, 진통제, 마취제 등이 있어요.

흥분제(興奮劑)	興(일으킬 흥) 奮(떨칠 분) 劑(약제 제): 중추 신경계를 흥분시키는 약

흥분제는 중추 신경계를 흥분시켜 심장 박동과 호흡을 빠르게 만들어 감각을 예민하게 하고, 긴장상태를 유지시키는 효과가 있어요. 우울증을 치료하거나 잠을 깨는 데 도움이 되지만, 오·남용을 하게 되면 환각, 발작, 사망에까지 이를 수 있어 주의해야 해요. 흥분제의 종류에는 카페인, 담배, 코카인 등이 있어요.

환각제(幻覺劑)	幻(헛보일 환) 覺(나타날 각) 劑(약제 제): 환각 작용을 유발시키거나 발동시키는 약

환각제는 인지 작용과 의식을 변화시켜 감각을 왜곡하고, 공포와 불안을 유발해요. 충동적이거나 공격적인 행동을 유발하는 경우가 많고 오·남용을 하면 판단력 상실, 도취감, 사망에 이를 수 있어 주의해야 해요. 환각제의 종류에는 대마초, 본드 등이 있어요.

내분비샘(内分泌-)

內(안 내) 分(나눌 분) 泌(분비할 비) 샘: 호르몬을 만들어 혈액으로 직접 분비하는 기관

내분비샘은 호르몬을 만들어 혈액으로 직접 분비하는 기관으로 몸속에는 다양한 종류의 내분비샘이 존재해요. 우리 몸의 내분비샘의 종류에는 뇌하수체, 갑상선, 부신, 이자, 정소, 난소 등이 있어요. 이곳에서 호르몬을 내보내서 우리 몸의 여러 가지 생리 기능을 조절하게 되는 것이죠.

외분비샘(外分泌-)

外(바깥 외) 分(나눌 분) 泌(분비할 비) 샘: 도관에 의해 체외 또는 체강 내로 분비하는 샘

분비물을 외부로 연결된 관을 통해 분비하는 기관을 말해요. 내분비샘은 분비관이 따로 없지만, 외분비샘은 따로 있어요. 외분비샘의 종류에는 땀샘, 소화샘, 눈물샘, 침샘, 위샘, 장샘 등이 있어요.

혈당량(血糖量)

blood sugar

血(피 혈) 糖(엿 당) 量(양 량): 혈액 속에 있는 포도당의 양

혈당량은 혈액에 포함되어 있는 포도당의 양을 말해요. 혈당량은 항상 같은 농도로 유지되어야 해요. 혈당량을 감소시키는 호르몬인 인슐린의 분비량이 감소하게 되면 혈당량이 증가해 오줌으로 포도당의 일부가 배설되는데 이것이 바로 당뇨병이에요. 당뇨병 환자들의 오줌은 당이 있어서 공터 같은 곳에 소변을 보면 개미들이 모여든다고 하네요.

04 | 호르몬

우리 몸에서 일어나는 여러 가지 조절 작용은 신경계에 의해서도 이루어지지만, 몸 안에서 만들어지는 화학 물질에 의해서도 이루어진다. 이러한 화학 물질을 호르몬이라고 하며, 내분비샘(뇌하수체, 갑상선, 부신, 이자, 정소, 난소)에서 아주 적은 양이 분비된다.

뇌하수체(腦下垂體)	腦(뇌 뇌) 下(아래 하) 垂(드리울 수) 體(물체 체): 간뇌의 아래쪽에 위치하고 우리 몸에 중요한 호르몬들의 분비를 총괄하는 내분비 기관

간뇌의 아래쪽에 위치한 기관이에요. 뇌하수체는 전엽, 후엽, 중엽으로 이루어져 있으나 중엽은 퇴화되어 내분비 기능이 없다고 해요. 타원형 모양이고 단단한 편이에요. 척추 동물에 있어서 가장 중요한 내분비샘인 뇌하수체는 많은 호르몬을 분비하고, 거의 모든 내분비 기관을 지배해요. 난자와 정자의 형성을 촉진시키는 생식샘 자극 호르몬, 티록신 분비를 촉진시키는 갑상선 자극 호르몬 등을 분비하고, 발육 중인 어린이의 성장을 촉진시키는 성장 촉진 호르몬을 분비해요. 이 호르몬은 분비가 과잉되면 거인증이 나타나고, 분비가 적게 되면 소인증이 나타나요.

갑상선(甲狀腺)	甲(갑옷 갑) 狀(모양 상) 腺(샘 선): 목 앞 중앙에 위치한 나비넥타이 모양의 내분비 기관

인체에서 가장 큰 내분비샘이에요. 성장발육과 지능 발달에 필요한 호르몬을 분비하는 내분비샘으로 후두와 기관의 앞쪽에 있어요. 갑상선의 주된 역할은 갑상선 호르몬을 생성한 후 체내로 분비하여 인체 내 모든 기관의 기능을 적절하게 유지시켜요. 뇌하수체에서 갑상선 자극 호르몬이 분비되어 갑상선에 도착하면 갑상선 호르몬인 티록신이 분비돼요. 티록신은 체내에서 일어나는 여러 가지 화학 반응을 촉진시키는 일을 해요. 갑상선이 제대로 기능하지 못하면 전반적인 기초대사량이 줄어들고, 체온이 떨어지며, 쉽게 살이 찌게 되고, 쉽게 피로해지게 돼요. 반대로 갑상선이 너무 과다하게 활동을 하면 체온이 올라가고, 몸무게가 감소되며, 신경과민 등의 증상이 나타나요.

부신(副腎)	副(곁따를 부) 腎(콩팥 신): 사람의 좌우 콩팥 위에 위치한 한 쌍의 내분비 기관

사람의 좌우 콩팥 위에 위치한 한 쌍의 내분비 기관을 말해요. 부신에서 에피네프린(아드레날린)이 분비되면 호흡 속도와 심장 박동이 빨라지고, 혈당량이 증가되며, 혈압이 상승돼요. 그리고 간에 저장되어 있던 글리코겐을 포도당으로 분해해서 혈당량이 높아지게 되지요.

이자pancreas	위 뒤쪽에 있는 길고 가는 장기

위 뒤쪽에 있는 길고 가는 장기예요. 이자에서 글루카곤과 인슐린이 분비되는데, 이 호르몬들은 혈당량이 일정하게 유지되도록 조절해요. 혈액에 포도당이 많으면 인슐린이 분비되어 포도당을 글리코겐이라는 물질로 바꾸어 간에 저장해 혈액 속의 포도당의 농도를 낮춰요. 반대로 혈액 속에 포도당이 적으면 글루카곤이 분비되어 간에 저장했던 글리코겐을 포도당으로 분해해 혈액 속의 포도당의 농도를 높여요. 이처럼 같은 기관에서 작용하면서 서로 반대의 효과를 일으키는 것을 길항 작용이라 하지요.

정소(精巢) 난소(卵巢)	精(정자 정) 巢(집 소): 정자 집. 정자를 만들고 호르몬을 분비하는 남성의 생식 기관 卵(알 난) 巢(집 소): 알집. 알을 만들고 여성 호르몬을 분비하는 여성의 생식 기관

정소는 남자만 가지고 있으며 고환이라고도 해요. 음낭 속 좌우 한 쌍이 있으며, 이곳에서 정자를 만들고, 남성의 특징을 나타내게 하는 호르몬을 분비해요. 뇌에서 생식샘 자극 호르몬이 분비되면 정소에서 남성 호르몬인 테스토스테론이 분비돼 남성의 2차 성징이 나타나게 되는 것이죠. 반면 난소는 여자만 가지고 있어요. 정소처럼 한 쌍이 있어 난자를 만들고, 생식샘 자극 호르몬이 분비되면 여성 호르몬인 에스트로겐이 분비돼 2차 성징이 나타나게 돼요. 에스트로겐은 사춘기 이후에 많이 분비되고, 여자의 2차 성장인 가슴의 발달, 월경, 몸매에 영향을 주게 되는 것이에요.

4 생식과 발생

모든 생물은 반드시 자신과 닮은 후손을 남긴다. 스스로 후손을 남기지 못하면 엄격한 의미에서 생물이라고 하지 않는다. 후손이 조상과 닮기는 하지만 그렇다고 완전히 똑같은 것은 아니다. 후손은 조상으로부터 유전 정보를 물려받으나 그 과정에서 변이가 나타나기도 한다.

암컷과 수컷으로부터 유전 정보를 물려받는 유성 생식도 있다. 유성 생식은 번식 기회가 줄어들기는 하지만 다양한 후손이 태어날 수 있다는 장점도 갖고 있다. 또한 DNA의 유전 정보를 살펴보면 무성 생식은 물론이고 유성 생식에서 나타나는 유전 법칙도 설명할 수 있다.

01 세포 분열

세포 분열(細胞分裂) | **체세포**(體細胞) | **생식세포**(生殖細胞) | **염색체**(染色體) | **상동 염색체**(相同染色體) | **간기**(間期) | **전기**(前期) | **중기**(中期) | **후기**(後期) | **말기**(末期) | **감수 분열**(減數分裂)

02 생식

무성 생식(無性生殖) | **분열법**(分裂法) | **출아법**(出芽法) | **영양 생식**(營養生殖) | **유성 생식**(有性生殖) | **정자**(精子) | **난자**(卵子) | **수정**(受精) | **수정막**(受精膜) | **체외 수정**(體外受精) | **발생**(發生) | **화분**(花粉) | **수분**(受粉) | **씨방**(-房) | **밑씨** | **중복 수정**(重複受精) | **배**(胚)

03 사람의 생식과 출산

부정소(副精巢) | **수정관**(輸精管) | **저정낭**(貯精囊) | **수란관**(輸卵管) | **자궁**(子宮) | **질**(膣) | **배란**(排卵) | **월경**(月經) | **임신**(姙娠) | **태아**(胎兒) | **태반**(胎盤) | **출산**(出産)

01 | 세포 분열

생물이 성장할 때나 자손을 남길 때에는 세포가 분열하여 수가 늘어난다. 몸을 구성하는 세포와 생식세포가 만들어질 때의 분열은 방식이 서로 다르다. 전자를 체세포 분열, 후자를 감수 분열이라 부른다. 감수 분열에서는 분열 전후로 DNA양이 반감된다.

세포 분열 (細胞分裂)	細(가늘 세) 胞(세포 포) 分(나눌 분) 裂(쪼갤 열): 세포를 나누어 쪼개다. 세포가 생장이나 번식을 위해 여러 개의 세포로 나누어지는 것

세포가 생장이나 번식을 위해 여러 개의 세포로 나누어지는 것을 말해요. 세포가 커질수록 세포막을 통한 물질 교환이 점점 어려워지고, 흡수된 영양분이 안쪽까지 전달되기 어려워져요. 그래서 크기가 커지는 것보다 여러 개로 나누어지는 것이 생명 활동을 유지하는 데 유리하기 때문에 세포 분열을 하지요.

체세포(體細胞)	體(몸 체) 細(가늘 세) 胞(세포 포): 몸을 구성하는 세포. 생식세포를 제외한 동식물을 구성하는 세포

생식세포를 제외한 동식물을 구성하는 세포를 말해요. 세포의 크기는 생물마다 다르지만, 일정 크기 이상 자라지 않아요. 그래서 코끼리같이 큰 동물들은 체세포의 수가 많아요. 체세포가 세포 분열을 하면 세포의 수가 늘어나므로 생물은 체세포 분열을 통해 생장한다고 할 수 있답니다.

생식세포(生殖細胞)	生(날 생) 殖(불릴 식) 細(가늘 세) 胞(세포 포): 낳고 불리는 생식에 관계하는 세포

우리 몸에서 정자와 난자같이 생식 과정에서 유전 물질을 자손에게 전달하는 세포를 말해요. 동물은 정자와 난자, 식물은 꽃가루와 알세포가 생식세포에 해당돼요. 사람은 체세포로 몸을 구성하고, 난자와 정자 같은 생식세포로 자손을 남기며 대를 이어가고 있는 거예요.

염색체(染色體)	染(물들 염) 色(색체 색) 體(물질 체): 세포의 핵 속에 존재하며 생물의 유전을 지배하는 막대 모양의 구조물

세포가 분열할 때 핵 속에 나타나는 막대 모양의 구조물을 염색체라 해요. 염색체에는 생물의 유전 물질이 들어 있어요. 그래서 생물의 종류에 따라서 염색체의 수와 모양이 달라요. 사람의 경우에는 세포 하나에 46개의 염색체가 들어 있지요.

상동 염색체(相同染色體)	相(서로 상) 同(같을 동) 染(물들 염) 色(색체 색) 體(물질 체): 모양과 크기가 서로 같은 염색체

세포 하나에 들어있는 염색체들은 모양과 크기가 같은 염색체끼리 쌍을 이루고 있는데 이를 상동 염색체라 해요. 사람은 23쌍의 상동 염색체로 이루어져 있으며, 그중 22쌍은 상염색체이고 나머지 1쌍은 성별에 따라 차이가 나는 성염색체예요.

간기(間期)	間(사이 간) 期(기간 기): 세포 분열이 끝난 후 다음 세포 분열이 시작되기 전까지의 기간

세포 분열이 끝난 후 다음 세포 분열이 시작되기 전까지의 기간을 말해요. 이 시기에는 세포 분열에 대비해 염색체를 복제해요. 염색체가 뭉쳐지기 전의 얇은 실의 상태로 핵에 퍼져 있기 때문에 현미경으로 염색체를 관찰하기가 어려워요.

전기(前期)	前(앞 전) 期(기간 기): 세포 분열하는 전체 기간 중 앞부분

세포 분열하는 전체 기간 중 앞부분을 말해요. 염색체가 나누어질 준비를 하는 기간이며, 간기 때 실의 형태로 퍼져 있던 염색사가 염색체가 되기 때문에 현미경으로 관찰할 수 있어요. 그리고 염색체가 복제되었기 때문에 염색 분체를 볼 수 있어요.

중기(中期)	中(가운데 중) 期(기간 기): 세포 분열하는 전체 기간 중 가운데 기간

세포 분열하는 전체 기간 중 가운데 기간을 말해요. 복제된 염색 분체를 세포의 양쪽 끝으로 분리하기 위해 세포의 양쪽 끝에서 방추사가 나와 염색체에 붙어요. 염색체가 중앙에 배열되기 때문에 염색체를 관찰하기 좋아요.

후기(後期)	後(뒤 후) 期(기간 기): 세포 분열하는 전체 기간 중 뒤 기간

후기에는 방추사가 염색체를 양쪽에서 잡아당기게 되어 두 가닥의 염색 분체가 한 가닥씩 양극으로 이동하게 돼요. 즉, 붙어 있던 염색 분체들이 양쪽으로 이동하고 분열하는 시기예요.

말기(末期)	末(끝 말) 期(기간 기): 세포 분열하는 전체 기간 중 끝 기간

말기에는 염색체가 사라지고 핵막이 나타나서 이들을 싸게 되고 똑같은 두 개의 핵이 만들어지게 돼요. 이후 세포질 분열이 일어나 두 개의 딸세포가 생기게 되는데, 동물 세포는 세포질의 가운데가 잘록해지면서 세포질이 분열되고, 식물 세포는 가운데에 세포판이 생겨 세포질이 둘로 나누어져요.

감수 분열(減數分裂)	減(줄어들 감) 數(수효 수) 分(나눌 분) 裂(쪼갤 열): 분열하여 수효가 줄어들다. 염색체의 수가 반으로 줄어드는 세포 분열

염색체의 수가 줄어드는 세포 분열을 말해요. 생식세포가 분열할 때 감수 분열이 일어나요. 체세포 분열은 모세포와 딸세포의 수가 같지만, 감수 분열은 딸세포의 수가 모세포의 절반으로 줄어들어요. 감수 분열은 분열이 연속해서 2번 일어나 염색체 수가 줄어드는데, 제1분열과 제2분열 사이에는 염색체가 복제되는 간기가 없어요.

02 | 생식

생물이 새로운 개체를 만들어내는 것을 생식이라 하고, 생식에는 암수 성별과 관련된 유성 생식과 성별과 관련 없는 무성 생식이 있다. 무성 생식에서는 난자와 정자가 발생하지 않고 체세포 분열을 통해 증식한다. 이렇게 증식한 개체는 모든 유전 정보가 부모와 같으며, 이러한 개체군을 클론이라 부른다.

무성 생식(無性生殖)	無(없을 무) 性(성 성) 生(날 생) 殖(불릴 식): 성에 관계 없이 생식하다. 암수 생식세포의 결합 없이 새로운 개체를 만드는 생식 방법

암수 구별 없이 한 개체가 단독으로 체세포 분열을 통해 새로운 개체를 만드는 생식 방법을 말해요. 과정이 단순하고 시간이 짧게 소요되나, 동일한 형질을 가지고 있어 환경 변화에 적응하기 어렵다는 단점도 있어요. 무성 생식을 하는 생물은 반드시 짝이 있어야 하는 유성 생식에 비해 더 빠르게 자손을 퍼트릴 수가 있어요. 또한 무성 생식으로 만들어진 자손은 원래의 개체와 똑같은 유전적 특징을 가지게 되며, 환경 조건이 좋으면 짧은 시간에 많은 수의 자손을 만들 수 있어요. 미생물, 단세포인 세균들 대부분, 해파리 등이 무성 생식을 통해 번식해요.

분열법(分裂法)	分(나눌 분) 裂(쪼갤 열) 法(법 법): 한 몸이 나누어져 번식되는 무성 생식법

무성 생식 방법 중 하나로서, 모체의 몸이 나누어져 그 하나하나가 새로운 개체가 되는 생식 방법을 말해요. 짚신벌레, 아메바와 같은 단세포 생물은 분열법으로 번식하며, 짧은 시간에 많은 수의 자손을 만들 수 있어요.

출아법(出芽法)	出(날 출) 芽(싹 아) 法(법 법): 싹이 나서 번식하는 방법. 몸의 일부분에서 혹과 같은 싹이 나와 자란 다음 떨어져 나가 새로운 개체가 되는 무성 생식법

무성 생식 방법 중 하나로서, 몸의 일부가 싹처럼 돋아난 후 어느 정도 자라면 떨어져 새로운 개체가 되는 생식 방법을 말해요. 효모와 히드라, 산호 등은 출아법으로 번식하여 자손을 만들어요.

영양 생식 (營養生殖)	營(경영할 영) 養(기를 양) 生(날 생) 殖(불릴 식): 한 식물 개체가 씨앗이나 포자를 이용하지 않고 번식하는 방법

무성 생식 방법 중 하나로서, 식물이 씨앗이나 포자를 이용하지 않고 잎, 뿌리, 줄기와 같은 영양 기관을 이용하여 번식하는 방법을 말해요. 영양 생식은 자연적으로 일어나기도 하지만 개체의 특성을 자손에게 그대로 물려줄 수 있어서 농업이나 원예 분야에서 좋은 품종을 얻기 위해 인위적으로 이용하기도 한대요.

유성 생식 (有性生殖)	有(있을 유) 性(성 성) 生(날 생) 殖(불릴 식): 성에 관계있이 생식하다. 암수의 생식세포가 결합하여 자손을 번식시키는 생식 방법

암수가 각각 암수 생식세포를 만든 후 짝짓기를 통해 자손을 만드는 것을 말해요. 무성 생식에 비해 번거롭고 적절한 짝이 없으면 생식을 할 수 없는 단점을 가지고 있어요. 하지만 유성 생식은 부모와는 다른 특징을 가져 다양한 자손을 만들 수 있어 환경 변화에 따른 적응이 수월하고 진화의 가능성을 열어둘 수가 있어요. 포도를 보면 껍질에 흰색 가루가 묻어있는 걸 볼 수 있는데, 그 흰색 가루가 바로 효모예요. 효모는 주위 환경이 좋으면 무성 생식으로만 번식을 하다가 주위 환경이 나빠지면 유성 생식을 통해 다양한 유전자를 만들어 내요. 동물들은 유성 생식으로 번식하는 경우가 많지만 생물 전체를 놓고 보면 효모같이 유성 생식과 무성 생식을 같이 하는 생물이 많다고 하네요.

정자(精子)	精(정자 정) 子(접미사 자): 수컷의 생식세포

머리와 꼬리로 이루어져 있고 스스로 움직일 수 있어요. 머리 부분에는 핵이 있고, 사람의 경우에는 23개의 염색체가 들어 있어요. 수컷의 생식 기관인 정소에서 생식세포 분열로 인해 만들어져요.

난자(卵子)	卵(알 난) 子(접미사 자): 암컷의 생식세포

암컷의 생식 기관인 난소에서 생식세포 분열로 만들어진 생식세포예요. 사람의 난자에는 23개의 염색체가 들어 있고 정자보다 훨씬 크지만 움직이지 않아 정자가 난자 쪽으로 이동하여 수정이 이루어져요. 정자에 의해 수정되면 난자는 수정란이 되며 한 개체의 시초가 되는 것이죠.

수정(受精)	受(받을 수) 精(정자 정): 정자를 받다. 암수의 생식세포가 서로 하나로 합치는 현상

정자의 핵이 있는 머리 부분이 난자로 들어가 난자의 핵과 결합하는 것을 말해요. 난자의 핵에 n개의 염색체가 있고 정자의 핵에도 n개의 염색체가 있으므로 이 둘이 결합된 수정란의 염색체 수는 2n개가 돼요. 사람의 경우 정자 23개, 난자 23개의 염색체가 있으므로 46개가 돼요.

수정막(受精膜)	受(받을 수) 精(정자 정) 膜(꺼풀 막): 수정된 후 다른 정자를 막기 위해 난자가 만드는 막

약 3억 개의 정자가 경쟁하지만, 난자 안으로 들어가 수정되는 정자는 한 개뿐이에요. 여러개의 정자가 난자 안으로 들어가게 되면 염색체 수가 모세포보다 많아져 제대로 자랄 수 없어 죽게 돼요. 이를 막기 위해 난자 안에 정자가 들어오자마자 막을 만들어 다른 정자가 못 들어오게 하는데, 이 막을 수정막이라 해요.

체외 수정(體外受精)	體(몸 체) 外(바깥 외) 受(받을 수) 精(정자 정): 암컷의 몸속이 아닌 몸 밖에서 일어나는 수정

암컷의 몸속이 아닌 몸 밖에서 일어나는 수정을 말해요. 주로 물속에 생활하는 동물의 경우는 체외 수정을 하는데, 예를 들어 물고기나 개구리는 암컷이 물속에 알을 낳으면 그 위에 수컷이 정자를 뿌려 수정이 일어나게 돼요. 사람의 경우도 체외 수정을 하기도 해요. 시험관수태라고 하며 아기를 갖기 힘든 부부들이 아기를 갖기 위해 사용하는 방법이에요.

발생(發生)	發(일어날 발) 生(날 생): 하나의 세포인 수정란으로부터 어린 개체가 만들어지는 과정

수정란은 하나의 세포이기 때문에 개체가 되려면 수없이 많은 세포 분열이 반복해서 일어나야 하고, 많아진 세포들은 각자의 역할을 할 수 있는 부분으로 이동하는 등 복잡한 과정을 거쳐야 해요. 이렇게 하나의 세포인 수정란으로부터 어린 개체가 만들어지는 과정을 발생이라 해요.

화분(花粉)	花(꽃 화) 粉(가루 분): 수꽃술의 꽃밥 속에 있는 가루 모양의 물질

화분은 수술에 있는 꽃밥에서 만들어지는데, 사람의 정자에 해당돼요. 화분이 암술머리에 옮겨져야 씨앗이 만들어질 수 있는 것이죠. 화분 안에는 생식핵과 꽃가루관핵이 있는데, 생식핵은 두 개의 정핵으로 나누어져 수정에 참여하고, 꽃가루관핵은 꽃가루관이 자라도록 하는 역할을 해요.

수분(受粉)	受(받을 수) 粉(가루 분): 꽃가루를 받다. 수술의 화분이 암술머리에 옮겨 붙는 일

화분이 암술머리에 붙는 것을 말해요. 식물은 스스로 움직일 수 없으니까 수분 과정에는 물, 바람이나 동물의 도움이 필요해요. 과수원 같은 곳에서는 인위적인 수분이 일어나기도 해요.

씨방(-房)	씨 房(방 방): 씨가 들어 있는 방

암술의 일부로서 속에 밑씨가 들어있는 부분을 말해요. 수분된 꽃가루에서 꽃가루관이 자라서 밑씨가 꽃가루와 만나 수정이 되면 씨가 되고, 밑씨를 싸고 있던 씨방은 열매가 돼요. 우리가 먹는 감과 같은 과일들이 바로 씨방이 자라서 만들어진 거예요.

밑씨	종자식물의 생식기관으로 씨로 발달하는 부분

종자식물의 생식기관을 말해요. 밑씨에서 감수 분열이 일어나 생식세포인 난세포를 만들어요. 종자식물의 경우 밑씨에 있는 난세포와 화분에 들어있는 정핵이 만나면 수정란이 되고, 이것이 씨가 되어 식물로 자라게 되는 것이에요.

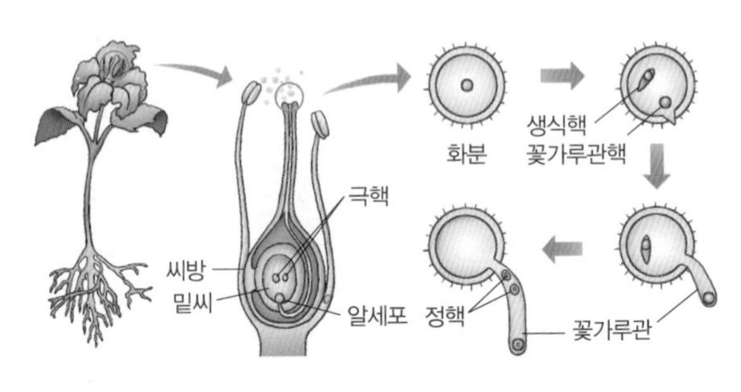

식물의 수정

중복 수정 (重複受精)	重(또다시 중) 複(겹칠 복) 受(받을 수) 精(정자 정): 수정을 두 번 하는 속씨식물 특유의 수정 방식

겉씨식물에서는 발생하지 않고 속씨식물에서 볼 수 있는 생식 과정이에요. 식물은 정자에 해당하는 정핵이 두 개예요. 화분관을 따라 배낭에 도착한 2개의 정핵 중 한 개의 정핵(n)은 난세포(n)와 수정해 배(2n)가 되고, 다른 한 개의 정핵(n)은 극핵(2n)과 수정해 배젖(3n)이 돼요. 이와 같이 수정을 두 번 하는 것을 중복 수정이라고 해요.

배(胚)	胚(시초 배): 동물이나 식물과 같은 다세포생물의 발생 과정 중 초기 단계의 생명체

동물이나 식물과 같은 다세포생물의 발생 과정에서 처음 모습에 해당하는 단계를 배라고 해요. 동물의 경우는 난자와 정자가 만나 수정란이 된 후에 발생 과정을 거치게 되는데, 발생이 어느 정도 진행되어 태아 상태가 되기 전까지를 배라고 해요. 사람의 경우는 임신이 된 후 약 8주 정도의 기간을 배라고 하고요. 식물의 경우에는 어린 식물체를 말해요. 씨를 땅에 심으면 배 부분이 자라 식물체가 되고, 배젖은 배가 자라는 데 필요한 양분을 공급해 주어 성장에 도움을 줘요.

03 | 사람의 생식과 출산

어떠한 사람도 영원히 살 수 없으며, 어른이 되어 생식 과정을 통하여 자손을 번식시킴으로써 세대를 이어갈 뿐이다. 사람은 태어나 성장하여 사춘기에 이르면 남녀 모두 생식 기관이 성숙하여 생식세포인 정자와 난자를 생산하고, 이것들이 수정함으로써 새로운 개체가 태어나는 것이다.

부정소(副精巢)	副(버금 부) 精(정자 정) 巢(집 소): 정자 집. 정자가 임시로 저장되는 곳

부정소(부고환)는 정소(고환)와 수정관과 함께 음낭이라는 근육질로 된 주머니 안에 들어가 있으며, 정소의 뒤쪽 위를 모자처럼 덮고 있어요. 정소에서 만들어진 정자가 임시로 저장되는 곳이며, 정자가 저장되면서 운동 능력을 가지게 돼요.

수정관(輸精管)	輸(나를 수) 精(정자 정) 管(대롱 관): 정자가 이동하는 관

정소에서 만들어진 정자는 부정소에서 저정낭까지 연결된 가느다란 관으로 이동하게 되는데 이 관이 수정관이에요. 수정관을 잘라 양 끝을 묶으면 정자가 이동하지 못하게 되는데, 이 방법을 이용해 피임을 하기도 해요.

저정낭(貯精囊)	貯(담을 저) 精(정자 정) 囊(주머니 낭): 정자를 저장하는 주머니

수정관을 통해 이동한 정자는 저정낭에 들어가게 되는데, 여기서 점액질의 액체가 분비되어 정자와 섞여 정액을 형성하게 돼요. 점액질의 액체에는 영양물질이 들어있어 정자가 운동하기 위한 1차적인 에너지원이 되기도 하고, 정자가 여성의 질을 통과할 때 질 속의 산성 환경으로부터 보호하는 역할도 하지요.

수란관(輸卵管)	輸(나를 수) 卵(알 란) 管(대롱 관): 난자가 이동하는 통로

여성의 난소에서 만들어진 난자는 나팔관을 통해 수란관으로 이동을 해요. 그러다 질을 통해 들어온 정자와 만나면 수정이 일어나게 되고, 수정으로 생긴 수정란은 수란관을 통해 자궁으로 이동해요. 수란관이 막히게 되면 난자가 내려올 수 없으므로 불임의 한 원인이 되기도 한답니다.

자궁(子宮)	子(자식 자) 宮(집 궁): 아이 집. 난자와 정자가 수정된 후 태아가 출생할 때까지 자라는 곳

자궁은 난자와 정자가 수정된 후 태아가 출생할 때까지 자라는 곳이에요. 수정란을 보호 발육시키는 기능을 가지고 있어요. 수란관에서 수정된 수정란은 수란관이 좁아 아이가 자라기 어려워 자궁에서 자라게 되는 것이죠. 자궁은 평소에 주먹만 한 크기이지만, 임신을 하게 되면 500배까지 늘어나게 된답니다. 위쪽은 수란관에, 아래쪽은 질에 연결되어 있어요.

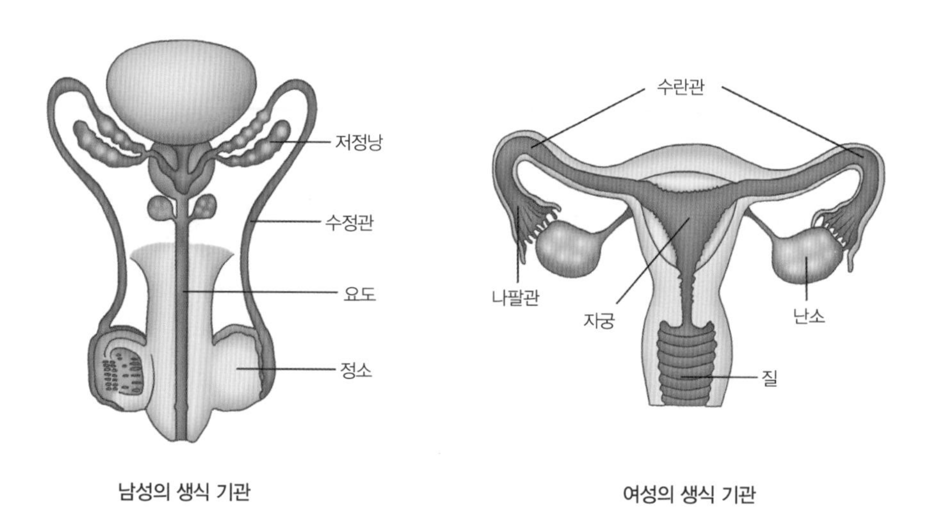

남성의 생식 기관

여성의 생식 기관

질(膣)	膣(음도 질): 자궁과 외부를 연결하는 통로

질은 여성의 생식 기관의 하나로서 자궁과 외부를 연결하는 통로예요. 정자가 들어오는 길이기도 하고 출산할 때 태아가 나가는 길이기도 해요. 위쪽은 자궁이 이어지고 아래쪽은 여성의 외부 생식 기관과 맞닿아 있지요. 질 내부는 산성 환경이기 때문에 외부의 세균이 침입하지 못하도록 막을 수 있지만, 산성 때문에 정자가 이곳에서 많이 죽기도 해요.

배란(排卵)	排(밀어낼 배) 卵(알 란): 난자를 밀어내다. 난소에서 성숙한 난자가 배출되는 현상

난소에서 성숙한 난자가 배출되는 현상을 배란이라고 해요. 난자는 사춘기부터 시작해 30~40년 동안 약 28일 주기로 하나씩 성숙되어 주기마다 좌우 난소 1개씩 번갈아가면서 배란돼요. 배란은 주로 월경 14일 전에 일어나기 때문에 임신이 가능한 날짜를 유추할 수 있답니다.

월경(月經)	月(달 월) 經(지날 경): 매달 거치는 현상. 자궁에서 자궁내막이 떨어져 출혈과 함께 분비물이 몸 밖으로 배출되는 현상

난소에서 난자가 배란될 때 임신을 준비하기 위해 자궁벽이 두꺼워지게 돼요. 만약 수정이 이루어져 임신이 되면 계속 자궁벽이 두껍게 유지되지만, 수정이 되지 않으면 두꺼워진 자궁벽이 허물어져 혈액과 함께 질을 통해 몸 밖으로 배출되는데, 이것을 월경이라 해요. 우리나라의 경우 12~15세에 시작하며, 26~32일의 주기를 가지고 3~5일간 지속돼요.

임신(姙娠)	姙(아이 밸 임) 娠(아이 밸 신): 아이를 배다.

배란된 난자가 수란관에서 정자를 만나 수정되면, 수정란은 수란관을 따라 빠르게 세포 분열을 하여 자궁으로 이동하면서 아기 몸을 구성할 많은 세포들을 만들어요. 수정이 된 후 5~7일쯤 지나면 이 세포 덩어리는 자궁으로 이르게 되고, 두꺼운 자궁벽 안으로 파고드는데 이것을 착상이라 하며, 이때부터 임신이 되었다고 해요. 사람의 임신 기간은 약 280일 정도 돼요.

태아(胎兒)	胎(아이 밸 태) 兒(아이 아): 체내수정에 의하여 발생하고 나서 출생에 이르기까지의 포유류의 새끼

수정란이 자궁벽에 착상된 후 8주(임신 10주) 정도 지나면 태반이 만들어지는데, 이때부터는 배아라 부르지 않고 태아라고 불러요. 임신 초기에는 동물과 외관상 별 차이가 없지만 착상된 후 8주(임신 10주) 이후부터는 인간의 모습이 뚜렷해져요. 크기는 약 4cm 정도 되고요. 자궁 안에 있는 태아는 양막과 양수에 의해 외부의 충격으로부터 보호돼요.

태반(胎盤)	胎(아이 밸 태) 盤(밑받침 반): 태아와 엄마의 자궁벽 사이를 연결하는 기관

태아는 외부로부터 직접 영양분과 산소를 얻을 수 없어요. 그래서 모체의 자궁과 태아를 연결하는 태반이라는 기관을 통해 영양분을 공급받고 노폐물을 배출해요. 또한 태반은 태아의 호흡 작용을 위한 산소와 이산화탄소의 교환이 일어나기도 하고, 간이 발달하기 전까지 포도당을 글리코겐으로 전환하여 저장하는 역할도 하고, 출생 직후 스스로 항체를 만들기 전까지 모체의 항체를 전달해주며, 태아 발육에 필요한 여러 가지 호르몬을 분비해주기도 해요.

출산(出産)	出(날 출) 産(낳을 산): 임신 후 태아가 자궁 밖으로 나오는 것을 말하며 분만이라고도 함

임신 후 태아가 자궁 밖으로 나오는 것을 말하며 분만이라고도 해요. 크게 자연 출산과 인공 출산으로 나눌 수가 있는데, 자연 분만은 임신 37주~42주 사이에 정상적으로 출산하는 것을 말해요. 보통 태아는 머리부터 빠져나오게 되고, 태아가 몸 밖으로 나오고 태반도 나오면 출산이 끝났다고 해요. 출산 시에는 자궁의 근육이 수축하면서 아기를 몸체 밖으로 밀어내는 것이에요. 그 뒤 다시 한 번 수축이 일어나면서 태반을 반출하는 것이죠. 그런데 태아가 거꾸로 있거나, 몸집이 너무 크거나, 자궁 입구의 위치가 이상하면 직접 자궁을 절개해 태아를 꺼내는 제왕절개라는 수술을 하기도 해요.

5 유전과 진화

자손은 부모와 많이 닮아있다. 한 세대로부터 다른 세대로의 형질(형태나 성질) 전달을 유전이라 부른다. 이렇듯 자식의 형질은 부모나 형제자매와 닮아있지만 몇몇 곳은 다르다. 인류는 수천 년에 걸쳐 자연계의 이러한 변화를 주의 깊게 지켜보고 바람직한 형질을 가진 식물은 곡류, 야채, 과일 등으로, 동물은 가축으로 삼아 키워왔다. 이러한 종의 유사성의 변화를 변이라 한다.

생물은 스스로가 속하는 생물종을 생산하는 능력에 의해 식별되며 옛날부터 인류는 사람을 포함한 생물의 유사성과 상이성에 대하여 호기심을 가져왔다. 이런 가운데 유전의 법칙을 처음으로 발견한 사람이 멘델이다. 그는 완두콩을 사용하여 종자가 둥글고 황색인 것, 그 반대의 형질(대립 형질)인 주름지고 녹색인 것 등 형질을 결정하는 요인을 요소라 명명했다. 그 후 이 요소는 빌헬름 요한센에 의해 '유전자'로 명명되었다.

01 유전 법칙

유전(遺傳) | **형질**(形質) | **순종**(純種) | **자가수분**(自家受粉) | **우성**(優性)·**열성**(劣性) | **표현형**(表現型) | **유전자형**(遺傳子型) | **우열의 법칙**(優劣-法則) | **분리의 법칙**(分離-法則) | **독립의 법칙**(獨立-法則)

02 사람의 유전과 진화

가계도(家系圖) | **색맹**(色盲) | **반성유전**(伴性遺傳) | **진화**(進化) | **자연선택**(自然選擇) | **변이**(變異)

01 | 유전 법칙

부모의 형질이 자손에게 전해지는 유전 현상의 규칙성을 맨 처음 밝혀낸 사람은 오스트리아의 멘델이다. 멘델의 유전 법칙은 크게 분리의 법칙과 독립의 법칙으로 나뉘는데, 한 쌍의 대립 유전자는 별도의 배우자로 분리되고, 복수의 대립 유전자는 서로 독립적으로 배우자로 분배된다. 이때 제1대에서 나타나는 형질을 우성형질, 나타나지 않는 형질을 열성형질이라 부른다.

유전(遺傳)	遺(남길 유) 傳(전할 전): 부모가 가지고 있는 형질이 자손에게 전해지는 것

부모의 형질이 자손에게 전해지는 것을 말해요. 유전에 의해 자식은 부모와 같은 형질을 갖는 개체로 되고, 생물은 자신과 같은 종류의 자손을 만들게 되는 거예요. 유전 현상에 대해 처음으로 과학적인 설명을 한 사람은 멘델이라는 과학자예요. 멘델은 수도원의 뜰에서 완두콩을 재료로 실험을 하여 유전의 기본 원리를 발견했어요. 완두콩은 한 번에 많은 수확을 할 수 있고, 가격이 싸고, 키우기가 쉽고, 대립 형질이 뚜렷하며, 교배하기 쉽고, 한 세대가 짧다는 특징을 가지고 있기 때문에 멘델이 완두콩을 유전 실험의 재료로 선택한 것은 좋은 선택이었어요.

형질(形質)	形(모양 형) 質(바탕 질): 생물이 가지고 있는 특징과 성질

유전 형질이라고도 하며 생물이 가지고 있는 특징과 성질을 말해요. 대개는 그 특징이나 성질이 유전자 활동에 의해 생긴 경우에 형질이라는 말을 써요. 예를 들어 사람의 경우는 머리카락의 색, 키, 피부색, 눈동자의 색 등과 같이 겉으로 드러나는 형태나 특징뿐만 아니라 혀 말기 능력, 식성, 학습 능력 등 유전자의 영향을 받아 나타나는 모든 특성을 말해요. 식물의 경우는 꽃의 색, 잎의 모양 등이 있지요.

순종(純種)	純(순수할 순) 種(씨 종): 다른 계통과 섞이지 않은 순수한 혈통

다른 계통과 섞이지 않은 순수한 혈통을 말해요. 자가수분을 했을 때 나오는 자손의 성질이 전부 부모와 같게 돼요. 둥글고(R), 황색(Y)인 완두에서 순종은 RR, YY, RRYY, RRyy, rrYY, rryy로 표현할 수 있어요. 순종과 반대로 형질이 섞여서 나오는 혈통은 잡종이라고 해요.

자가수분(自家受粉)	自(스스로 자) 家(집 가) 受(받을 수) 粉(가루 분): 스스로 수분이 일어나는 것. 하나의 꽃 안에서 수술에 있는 꽃가루가 그 꽃에 있는 암술머리에 수분되는 것

하나의 꽃 안에서 수술에 있는 꽃가루가 그 꽃에 있는 암술머리에 수분되는 것을 자가수분이라 해요. 자가수분은 사람이 인위적으로 식물의 품종을 개량할 때 사용하는 방법이기도 해요. 자가수분과 달리, 한 꽃의 수술에서 나온 꽃가루가 다른 꽃의 암술머리에 수분되는 것은 타가수분이라 해요.

우성(優性) 열성(劣性)	優(넉넉할 우) 性(성질 성): 많이 나타나는 성질 劣(적을 열) 性(성질 성): 잘 나타나지 않는 성질

우성은 순종의 대립 형질끼리 교배시켰을 때, 잡종 1대에서 나타내는 형질을 말해요. 이에 반해 열성은 순종의 대립 형질끼리 교배시켰을 때, 잡종 1대에서 나타나지 않는 형질을 말해요.

표현형(表現型)	表(겉 표) 現(나타날 현) 型(모양 형): 겉으로 나타나는 형질

생물이 유전적으로 겉으로 나타내는 형태적, 생리적 성질을 말해요. 유전자형과 대비되는 용어로 완두콩으로 예를 들면, 완두콩이 '둥글다', '주름지다' 하는 식으로 실제 겉으로 드러나는 모양이 표현형이에요.

유전자형(遺傳子型)	遺(남길 유) 傳(전할 전) 子(자식 자) 型(모양 형): 형질을 나타내는 유전자 조합을 기호로 표현한 것

생물의 유전적 기초를 이루는 실제 구성으로서 생물 개체의 특성을 결정하는 유전자의 양식을 유전자형이라고 해요. 순종의 둥근 완두를 RR로 표현하는 등 형질을 나타내는 유전자 조합을 기호로 표현한 것을 말해요. 일반적으로 우성 대립 유전자는 알파벳 대문자로 표현하고, 열성 대립 유전자는 알파벳 소문자로 표현해요.

우열의 법칙 (優劣-法則)	優(넉넉할 우) 劣(적을 열) - 法(법 법) 則(법칙 칙) : 우성과 열성의 법칙. 순종의 대립 형질끼리 교배시켰을 때 잡종 1대에서 열성 형질은 나타나지 않고 우성 형질만 나타나는 현상

순종의 대립 형질끼리 교배시켰을 때 잡종 1대에서 열성 형질은 나타나지 않고 우성 형질만 나타나는 현상을 말해요. 순종인 둥근 완두(RR)와 주름진 완두(rr)를 교배하면 자손은 모두 우성 형질인 둥근 완두(Rr)만 나타나게 돼요. 이때 둥근 완두처럼 잡종 1대에서 나타나는 형질을 우성이라 하고, 주름진 완두처럼 잡종 1대에서 나타나지 않는 형질을 열성이라 해요. 우성은 많이 나타난다는 뜻이고, 열성은 잘 나타나지 않는다는 뜻이에요.

분리의 법칙 (分離-法則)	分(나눌 분) 離(가를 리) - 法(법 법) 則(법칙 칙): 잡종 2대에서는 우성과 열성이 나뉘어 나타난다는 법칙

잡종 1대에서는 대립 형질 가운데에서 우성의 형질만이 나타나나, 제2대에서는 우성과 열성의 형질이 3:1의 비율로 분리해서 나타난다는 법칙이에요. 즉 순종을 교배한 잡종 1대를 가지고 자가교배 했을 때 잡종 2대에서는 우성과 열성이 나뉘어 나타나요. 잡종 1대의 둥근 완두(Rr)를 자가수분하면 잡종 2대에서 둥근 완두(RR, Rr)와 주름진 완두(rr)가 3:1의 비로 나타나고, 유전자형 비는 RR:Rr:rr=1:2:1의 비율로 나타나게 돼요.

독립의 법칙 (獨立-法則)	獨(홀로 독) 立(설 립) - 法(법 법) 則(법칙 칙): 서로 독립하여 유전한다는 법칙

두 쌍 이상의 대립 형질이 동시에 부모로부터 유전될 때 한 쌍의 대립 형질을 결정하는 유전자가 다른 쌍의 대립 형질을 결정하는 유전자에게 아무런 영향을 주거나 받지 않고 독립적으로 유전된다는 법칙이에요. 순종인 둥글고 황색인 완두(RRYY)와 주름지고 녹색인 완두(rryy)를 교배하면 잡종 1대에서는 둥글고 황색인 완두(RrYy)만 나타나게 되고, 잡종 1대를 자가수분하였더니 잡종 2대에서는 둥글고 황색(R_Y_):둥글고 녹색(R_yy):주름지고 황색(rrY_):주름지고 녹색(rryy)=9:3:3:1로 나타나게 돼요.

02 | 사람의 유전과 진화

사람의 유전 형질에 대한 연구에서는 사람을 마음대로 결혼시켜 자손을 낳게 하는 실험을 할 수 없기 때문에 가계도를 이용한다. 사람은 자손의 수가 적어 하나의 가계만 조사해서는 유전 현상을 확실하게 밝히기 어려우므로, 여러 가족의 가계도를 분석함으로써 유전 현상을 해석할 수 있다. 이외에도 쌍생아를 연구하는 방법을 사용하기도 한다.

가계도(家系圖) genogram	家(가족 가) 系(이을 계) 圖(그림 도): 가족 간의 관계를 알아보고 유전적 특성을 그림으로 나타낸 것

가족 간의 관계를 알아보고 유전적 특성을 그림으로 나타낸 것을 말해요. 가족 구성원의 유전자형을 추정하거나, 특정한 유전적 질병 등을 연구할 때 사용해요. 가계도는 간단한 선이나 그림으로 나타내는데, 남자는 사각형으로 여성은 원으로 표현해요. 또한 수평으로 이어진 선은 결혼 관계를, 수직으로 이어진 선은 자식 관계를 가리켜요.

색맹(色盲)	色(색채 색) 盲(눈 멀 맹): 색에 대해 눈이 멀다. 사물을 볼 수는 있으나 색을 제대로 구별하지 못하는 것

색을 제대로 구별하지 못하는 것을 말해요. 색맹은 대부분이 선천적이며, 여자보다는 남자의 비율이 더 높아요. 색맹은 전색맹과 부분색맹으로 나눌 수가 있어요. 전색맹은 전혀 색을 구별하지 못하는 것으로 극히 드물어요. 부분색맹 중에는 적색과 녹색을 구별하지 못하는 적록색맹이 가장 많지요. 색맹은 그들만의 기준으로 색을 인지하므로 일상생활에서는 큰 지장이 없지만 의사, 화가 등 색깔을 정확히 구별해야 하는 직업 선택에 있어서는 제한이 있어요.

반성유전(伴性遺傳)	伴(동반할 반) 性(성별 성) 遺(남길 유) 傳(전할 전): 성염색체에 있는 유전자에 의해 일어나는 유전

성염색체 중 X 염색체에 존재하여 성별에 따라 나타나는 빈도가 달라지는 유전 현상을 말해요. 반성유전에는 색맹, 혈우병 등이 있어요. 혈우병은 혈액이 잘 응고되지 않아 출혈이 계속되는 유전병을 말해요. 여자의 경우 대부분 태어나기 전에 유산되므로 주로 남자에게만 나타나요. Y 염색체 때문에 나타나는 빈도가 달라지는 것은 한성유전이라 해요. 한성유전에는 귓속 털 과다증 등이 있어요.

진화(進化)evolution	進(나아갈 진) 化(될 화): 생물이 오랜 시간 여러 세대를 거치면서 환경에 적응하도록 몸의 구조와 생김새 등을 변화하여 그 형질을 유전시키는 현상

생물이 오랜 시간 여러 세대를 거치면서 환경에 적응하도록 몸의 구조와 생김새가 변화하는 과정을 말해요. 구조나 기능에 있어 간단한 것에서 복잡한 방향으로 발달하는 경향이 있어요. 예를 들면, 고래, 박쥐, 개 등의 앞다리뼈의 구조를 비교해 보면 현재는 모양과 기능이 모두 다르지만, 그 근본의 구조가 같은 것을 통해 이들이 결국 공동 조상으로부터 진화해왔다는 것을 알 수 있어요.

자연선택(自然選擇)	自(스스로 자) 然(그럴 연) 選(가릴 선) 擇(가릴 택): 자연환경의 조건에 적응한 개체들은 살아남아 대를 잇지만 그렇지 못한 개체들은 사라진다는 진화론

자연환경의 조건에 적응한 개체들은 살아남아 대를 잇지만 그렇지 못한 개체들은 사라진다는 진화론이에요. 《종의 기원》이라는 책을 쓴 다윈이라는 과학자는 생물이 진화하는 주된 원인을 자연선택이라 했어요. 다윈은 과거에는 목의 길이가 다양한 기린들이 존재했는데, 목이 긴 기린들이 높은 나무의 잎을 따먹게 되어 살아남고 그렇지 못한 기린들은 살아남지 못하게 되었다고 설명하였어요.

변이(變異)variation	變(변할 변) 異(다를 이): 변하여 달라지다. 같은 종류의 생물이 성질이나 모양이 서로 달라짐

변이에는 두 가지 종류가 있어요. 하나는 부모가 가지는 형질을 이어받는 유전학을 통해 어느 정도 예측 가능한 유전변이가 있고, 또 다른 하나는 개체가 성장해가면서 환경의 영향을 받아 예측이 불가능한 환경변이가 있어요. 유전변이 중에서 유전물질의 변화로 인해 부모와 다른 형질을 가진 자손이 태어나는 걸 돌연변이라고 해요. 돌연변이는 잘 나타나는 현상은 아니지만 진화에서 매우 중요한 역할을 한다고 알려져 있어요.

1. 지구계와 지권의 변화
2. 수권의 구성과 순환
3. 기권과 우리 생활
4. 태양계
5. 외권과 우주 개발

Ⅳ

지구과학

降(내릴 강) **水**(물 수) **量**(분량 량):

일정 기간 동안 일정한 곳에 내린 강수의 총량

1 지구계와 지권의 변화

우리의 몸이나 생태계와 같이 지구도 여러 영역이 서로 밀접하게 연결되어 있다. 지구는 대기, 육지, 바다 그리고 다양한 종류의 생물이 각 영역을 이루면서 서로 영향을 주고 받는데, 이를 지구계라고 한다. 지구계는 지권, 수권, 기권, 생물권 및 외권으로 이루어져 있으며, 지구의 표면과 지구 내부를 구성하는 토양과 암석을 지권이라고 한다. 초기의 지구는 성간물질의 격렬한 충돌과 중력에 의한 응집을 통하여 만들어졌다. 그때의 지구 모습은 지금과 전혀 달랐으며, 아직도 변화하고 있는 중이다. 지구는 어떻게 만들어져 지금의 모습을 갖추게 되었을까?

01 지각을 구성하는 암석과 암석을 구성하는 물질

광물(鑛物) | **암석**(巖石) | **조암광물**(造巖鑛物) | **조흔색**(條痕色) | **마그마**(magma) | **용암**(鎔巖) | **화성암**(火成巖) | **퇴적암**(堆積巖) | **변성암**(變成巖)

02 지표의 변화

풍화(風化) | **침식**(浸蝕) | **용융**(鎔融) | **화산**(火山) | **지진**(地震) | **지진파**(地震波) | **진원**(震源) | **진앙**(震央) | **지진계**(地震計)

03 지구의 내부 구조

지각(地殼) | **핵**(核)

04 움직이는 대륙과 지각 변동

대륙이동설(大陸移動說) | **맨틀대류설**(--對流設) | **해저확장설**(海底擴張說) | **판구조론**(板構造論) | **해령**(海嶺) | **해구**(海溝)

01 | 지각을 구성하는 암석과 암석을 구성하는 물질

지권은 대부분 암석으로 이루어져 있고, 암석을 관찰해 보면 여러 종류의 알갱이로 이루어져 있다는 것을 알 수 있다. 암석을 이루는 이 작은 알갱이들을 광물이라고 한다. 지금까지 발견된 광물의 종류는 4,000여 종에 이른다.

광물(鑛物) mineral	鑛(광석 광) 物(물질 물): 천연으로 나는 무기물로서 화학 성분이 일정한 물질

광물은 자연적으로 만들어진 무기물이에요. 지구의 겉 부분인 지각을 이루는 단단한 암석은 하나 이상의 광물로 이루어져 있어요. 광물은 지각을 구성하는 최소단위인 것이죠. 규칙적인 결정구조와 명확한 화학 구성을 가지고 있는 광물은 한 종류의 원소 또는 화합물로 이루어져 있는데, 대부분의 광물들은 화합물로 2개 이상의 원소들로 이루어져 있지요. 철, 금, 은, 구리 등이 이에 해당해요.

암석(巖石)	巖(바위 암) 石(돌 석): 광물의 집합으로 이루어진 자연산 고체

암석은 지구의 겉 부분인 지각을 이루고 있는 고체물질이에요. 암석은 모두 비슷해 보이지만 만들어지는 과정, 상태, 성분을 통해 크게 퇴적암, 변성암, 화성암으로 나눌 수 있어요. 이러한 퇴적암, 변성암, 화성암은 암석의 순환과정을 통해 서로 변할 수 있어요. 우리가 생활하는 지표는 퇴적암의 비율이 상대적으로 높아요. 하지만 퇴적암층 아래의 화성암과 변성암에 비하면 비교할 수 없을 만큼 얇아요.

조암광물(造巖鑛物)	造(이룰 조) 巖(바위 암) 鑛(광석 광) 物(물질 물): 암석을 이루는 주요 광물

조암광물이란 암석을 구성하는 주된 30여 종의 광물들을 말하는 것이에요. 대부분의 조암광물은 규소(Si)와 산소(O)를 포함하고 있기 때문에 규산염 광물이라고 해요. 조암광물의 분포 중 장석이 51%나 차지하고 있고, 석영이 12%, 휘석이 11%로 주로 몇 가지의 광물이 조암광물을 이루고 있어요.

조흔색(條痕色)	條(가지 조) 痕(흔적 흔) 色(색채 색): 광물이 가루가 되었을 때 나타나는 색

광물의 형태와 내부 조성에 의해 쉽게 달라지는 겉보기 색깔과 달리 조흔색은 일정하므로 광물을 구분할 때 겉보기 색깔이 비슷한 경우에 조흔색을 비교하여 구분할 수 있어요. 예를 들어, 금과 황철석은 겉보기 색깔이 금색으로 반짝반짝 빛이 나지만 조흔색은 금이 연한 금색이라면 황철석은 검은색이에요. 조흔색을 알아내기 위해서 필요한 조흔판으로 흔히 초벌구이 한 자기판을 이용해요.

마그마magma	지구 내부에서 녹아 섞인 고온의 암석 물질

지하에서 암석이 고온으로 가열되어 용융된 것으로 지하 약 50~200km 지점에서 만들어져요. 이러한 마그마들은 주위의 암석보다 가벼워서 지표면으로 서서히 상승해요. 10~20km 지점까지 상승한 마그마는 그곳에서 지표로 분출하기도 하지요. 마그마의 온도는 약 1300~1650℃ 정도예요.

용암(鎔巖)lava	鎔(녹일 용) 巖(바위 암): 마그마가 지표로 분출한 것

지하에 녹아있던 마그마가 지각의 약한 틈을 타고 지표 위로 분출한 것을 용암이라고 해요. 용암의 온도는 약 800~1200℃ 정도예요. 용암은 고온이며 가스 함량이 클수록 점성이 낮아요. 마그마가 지표면 가까이 오면서 압력이 낮아지면 마그마의 가스가 기포가 되는데, 점성이 낮으면 완만한 분출이 되고 점성이 높으면 폭발적인 분출이 일어나요. 폭발적인 분출이 일어나면 마그마의 암편이 흩어져 화산재, 화산력, 화산암괴로 뿌려져요. 이와 같은 분출에서 방출된 마그마로부터는 가스가 급격히 나오기 때문에 틈이 많은 암석이 생기지요.

화성암(火成巖)	火(불 화) 成(이룰 성) 巖(바위 암): 마그마가 식어서 만들어진 암석

화성암은 지표보다 상당히 높은 온도에서 녹은 마그마가 식으면서 결정 작용을 거쳐 만들어져요. 화성암은 크게 지하 깊은 곳에서 만들어진 심성암과 지표에서 응결한 화산암으로 나누어요. 마그마가 급히 식으면 입자의 크기가 작은 화산암을, 지각 깊은 곳에서 천천히 식으면 입자의 크기가 큰 심성암이 되는 거예요. 화성암의 색은 속에 들어 있는 광물에 포함된 원소에 따라 달라져요. 어두운색을 띠는 흑운모, 각섬석, 휘석, 감람석 등은 철(Fe)과 마그네슘(Mg)이 많이 들어있고, 밝은 색을 띠는 석영, 장석 등은 규소(Si)와 산소(O)가 많이 들어있어요.

퇴적암(堆積巖)	堆(쌓을 퇴) 積(쌓을 적) 巖(바위 암): 퇴적물이 압축되어 딱딱하게 굳어 만들어진 암석

퇴적암은 풍화 · 침식 작용으로 만들어진 퇴적물이 층층이 쌓여서 만들어진 지층에서 떨어져 나간 암석이에요. 퇴적암은 지표면의 암석 중 약 75%를 차지하고 있지요. 퇴적암에서는 퇴적물이 쌓이면서 생긴 줄무늬가 있을 수 있어요. 퇴적암은 퇴적물이 운반되어 서로 섞이고 압축되어 만들어진 것이므로 어떤 퇴적물이 쌓인 것이냐를 가지고 구분할 수 있어요.

변성암(變成巖)	變(변할 변) 成(이룰 성) 巖(바위 암): 높은 압력과 온도에 의해 고체 상태의 어떤 암석이 변해 만들어진 암석

화성암이나 퇴적암이 고온 고압에 의해 성질이 바뀐 것을 변성암이라고 해요. 변성암은 지표면의 암석 중 약 17%를 차지하고 있지만 지표보다 깊은 곳은 대부분 변성암으로 되어 있지요. 변성 작용은 암석을 이루고 있는 광물의 배열을 바꾸기도 하는데, 이때 층상이나 호상의 엽리(세밀한 줄무늬의 배열 상태)를 만들기도 해요. 층상은 층층이 쌓이는 것을 말하며, 호상은 어떤 종류의 암석 또는 광석의 절단면에 육안으로 줄무늬 모양이 관찰되는 것을 말해요.

02 | 지표의 변화

암석이 지하 깊은 곳에서 열과 압력을 받아서 녹으면 마그마가 되고, 이 마그마가 굳으면 화성암이 된다. 지표에 드러난 암석이 풍화와 침식 작용을 받아 퇴적물이 되고, 이 퇴적물이 굳어지면 퇴적암이 된다. 이 퇴적암이 열과 압력을 받으면 변성암과 마그마가 된다. 이렇게 암석은 주변 환경의 변화에 따라 새로운 환경에 적합한 상태로 끊임없이 변하면서 순환한다.

풍화(風化)	風(바람 풍) 化(될 화): 암석이 물리 · 화학적으로 부서져 분해되는 작용

풍화는 물리적 풍화와 화학적 풍화가 있어요. 풍화의 대부분인 물리적 풍화는 압력과 온도의 변화에 의해서 암석이 돌, 모래, 흙 등 토양으로 변하는 것으로 물이 암석의 틈 사이로 들어가 얼어서 부피가 커져 사이가 벌어지는 작용, 나무의 뿌리가 자라면서 암석의 틈 사이를 벌리는 작용 등이 있어요. 풍화의 요인은 암석의 종류와 구조, 암석의 경사, 기후, 시간 등이 있지요.

침식(浸蝕)	侵(잠길 침) 蝕(좀먹을 식): 물이나 공기가 이동하면서 지표를 깎는 작용

침식은 빗물, 강물, 바닷물, 빙하, 바람 등의 작용에 의하여 지표가 깎이는 현상을 말해요. 침식을 받은 물질들은 대개 지표면의 높은 지역에서 낮은 지역으로 이동해요. 그러면서 산을 깎아내리거나 하천을 만들거나 없애면서 지형을 변화시키기도 하지요. 침식 작용은 원래 자연스러운 과정이었지만 인간의 토지 이용에 의해 침식 작용이 증가되기도 해요, 침식 작용은 물리적으로나 화학적으로 발생하는 풍화 작용과는 구분돼요.

용융(鎔融)	鎔(녹일 용) 融(녹을 융): 고체가 가열되어 액체가 되는 변화

용융은 융해라고도 하며, '녹음'을 의미해요. 물질의 상태변화 중 하나로 고체 상태의 물질이 에너지를 받아 액체로 변화하는 것이에요. 일반적으로 고체의 녹는점은 일정하지만 녹는점이 일정하지 않은 물질도 있어요. 반대 현상으로는 '응고'가 있지요.

화산(火山)	火(불 화) 山(산 산): 땅속의 마그마가 분출하여 만들어진 산

화산은 지구 내부에 녹아있는 마그마가 지표 밖으로 분출하여 만들어져요. 마그마가 빠져 나오는 길을 '화도' 라 하고, 마그마가 빠져나와 원뿔 모양으로 파인 화산의 꼭대기를 '분화구' 라고 하지요. 큰 화산의 주위에 생기는 작은 화산들을 '기생 화산'이라고 해요. 기생 화산은 나무가 가지를 뻗듯이 화산도 기생화산을 뻗는다고 생각하면 쉽겠죠? 화산은 그 분화의 활동 시기에 따라 활화산, 휴화산, 사화산으로 나눌 수 있어요. 활화산은 현재 분화가 일어나고 있는 화산이고, 휴화산은 현재는 분화하고 있지 않으나 역사상에 분화한 기록이 있는 화산으로 한라산이 그 예이지요.

지진(地震)	地(땅 지) 震(흔들릴 진): 큰 힘을 받은 지층이 끊어지면서 땅이 흔들리는 현상

뉴스를 통해 종종 어느 나라 어느 지역에서 대규모의 지진이 일어났다는 소식을 듣게 되죠? 지진이 일어나면 건물이나, 도로, 다리 등이 무너지고, 많은 사람들이 다치거나 죽게 돼요. 이렇게 많은 피해를 발생시키는 지진은 지구 내부에 축적된 에너지로 인해 지구를 구성하는 암석의 일부분에 급격한 운동이 일어나 지진파가 발생하는 현상이에요. 대부분의 지진은 오랜 기간에 걸쳐 대륙의 이동, 해저의 확장, 산맥의 형성 등에 작용하는 지구 내부의 커다란 힘에 의하여 발생되어요. 큰 지진이 일어나면 그 직후에 주변에 작은 지진이 수없이 발생해요. 처음의 큰 지진을 본진이라 하고 작은 지진들을 여진이라고 하지요.

지진파(地震波)	地(땅 지) 震(흔들릴 진) 波(파동 파): 지진에 의해 발생하는 진동의 움직임

지진파는 크게 실체파와 표면파로 나누어요. 실체파는 지각 내부를 통과해 전달되는 파로 파의 진행 방향과 매질의 이동 방향이 같은 P파와 파의 진행 방향과 매질의 이동 방향이 수직인 S파가 있어요. 표면파는 지표면을 따라 파가 전달되어 지진이 발생해 큰 피해를 입는 이유라고 할 수 있어요. 지진파의 속도는 P파가 가장 빠르고 다음이 S파, 가장 느린 것이 표면파예요.

진원(震源)	震(지진 진) 源(기원 원): 지구 내부에서 지진이 최초로 발생한 지점

진원은 지구 내부에서 지진이 최초로 발생한 지점을 말해요. 진원의 공간적인 넓이를 고려할 때는 진원역이라고도 해요. 지하 50~60㎞의 맨틀 최상부 지역이 지진이 가장 잘 발생하는 곳이에요. 진원의 깊이가 300㎞ 이상의 지진은 심발지진이라 하여 보통의 지진과 구별하기도 해요. 진원의 위치를 찾는 방법으로는 P파와 S파의 도달시간의 차를 이용하는 방법이 있어요.

진앙(震央)	震(지진 진) 央(가운데 앙): 진원 바로 위 지표상의 지점

지진이 발생한 지하의 진원 바로 위에 해당하는 지표상의 지점을 가리키며, 진원지라고도 해요. 실제의 진원이나 진앙은 상당한 넓이를 가지고 있어 대규모의 지진일수록 진앙의 범위도 넓어져요. 보통 지진의 피해가 가장 큰 지역이에요. 진앙의 위치를 찾는 방법으로는 진원과 마찬가지로 P파와 S파의 도달시간의 차를 이용하는 방법이 있어요.

지진계(地震計)	地(땅 지) 震(흔들릴 진) 計(계산할 계): 지진의 진동을 알아내 지진파를 기록하는 기계

지진이 일어나면 지진파가 발생해요. 지진계의 원리는 공중에 매달린 추에 펜을 고정시키고 펜 아래에 기록할 종이를 놓는 것이에요. 실제 지진이 발생하면 추는 관성 때문에 움직이지 않고 종이만 움직이기 때문에 지진파가 종이에 그려지는 것이죠. 지진파를 기록하는 장치인 지진계를 통해 진앙까지의 거리를 알 수 있어요. 또한 세 곳 이상에서의 진앙까지의 거리를 알면 진앙의 위치를 찾을 수도 있답니다.

03 | 지구의 내부 구조

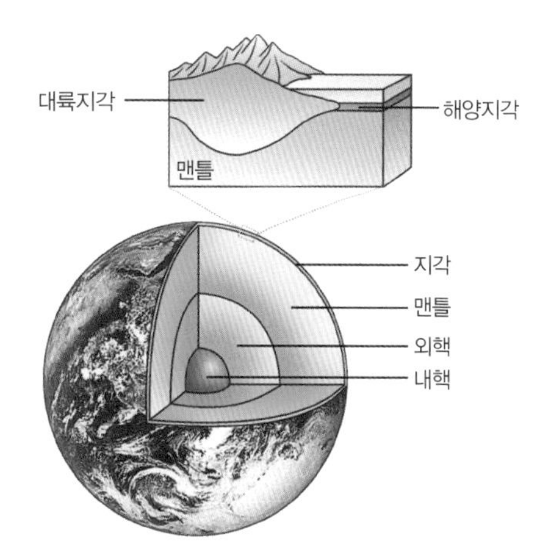

지구 내부를 알아보는 가장 확실한 방법은 직접 지구 내부로 뚫고 들어가 보는 것이지만 온도와 압력이 높아지므로 한계가 있다. 따라서 과학자들은 화산 분출물 조사, 운석 연구와 같은 간접적인 방법을 이용한다. 그 중에서도 지진파 연구는 지구 내부를 연구하는 데 가장 효과적인 방법이다. 지구 내부의 층은 지각, 맨틀, 외핵, 내핵으로 이루어져 있다.

지각(地殼) crust	地(땅 지) 殼(껍질 각): **지구의 바깥쪽을 이루고 있는 껍질**

지각은 지구의 바깥쪽을 이루고 있는 부분이에요. 대륙지각은 20~70km, 해양지각은 5~15km의 두께예요. 지구 전체 부피의 약 1%를 차지하고 지구 전체 질량의 0.5% 미만을 차지하고 있어요. 지각을 구성하는 원소는 90종 이상이나 되지만 그중에서 지각의 98% 이상을 구성하는 원소는 산소(O), 규소(Si), 알루미늄(Al), 철(Fe), 칼슘(Ca), 나트륨(Na), 칼륨(K), 마그네슘(Mg)이에요. 이 8가지 원소를 지각의 8대 원소라 부르고 지각의 8대 원소가 차지하는 비율은 전체의 98% 이상이에요.

맨틀(mantle)은 지구의 지각과 핵 사이의 부분으로, 지표로부터 지하 약 30~2,900km까지 사이를 말해요. 맨틀은 지구 부피의 약 82%이상, 질량으로는 약 68%를 차지하고 있어요. 지진파 중 P파와 S파를 통과시키는 고체이며, 지진파의 속도가 맨틀 내로 깊어질수록 빨라지는 것으로 보아 내부로 갈수록 딱딱한 물질임을 알 수 있어요. 맨틀의 온도는 약 1000~5000℃인 것으로 추정하고 있어요.

핵(核) core	核(핵심 핵): **지표에서 2,900km 지점부터 지구 중심까지의 부분**

지구의 중심 부분으로 유체 상태인 외핵과 고체 상태인 내핵으로 구성되어 있어요. 구형의 층상구조로 되어있어요. 외핵과 내핵의 경계면(지하 약 5,100km) 부근에서 P파의 속력이 급격히 증가하는 것으로 보아 내핵이 고체라고 추정하고 있어요. 핵은 지구 부피의 약 16%, 질량으로는 약 32%를 차지하고 있어요. 핵의 온도는 약 6000℃인 것으로 추정하고 있어요.

04 | 움직이는 대륙과 지각 변동

세계 지도를 보면 대서양을 사이에 두고 남아메리카 대륙의 동쪽 해안선과 아프리카 대륙의 서쪽 해안선 모양이 잘 들어맞는다는 것을 알 수 있다. 이것을 바탕으로 과학자들은 과거에 대륙이 모여 있다가 갈라지면서 이동했다는 생각을 하게 되었다.

대륙이동설 (大陸移動說)	大(큰 대) 陸(육지 륙) 移(옮길 이) 動(움직일 동) 說(말씀 설): 대륙이 수평으로 이동한다는 생각에 기초하여 지각의 성립을 설명한 학설

베게너가 1915년 과학적인 근거들을 토대로 판게아라는 거대한 대륙이 나뉘어서 오늘날의 대륙이 완성되었다는 대륙이동설을 발표했어요. 지구 상의 대륙은 하나였는데, 그 후 분리되고 이동하여 현재와 같은 상태로 되었다는 학설이에요. 이에 대한 증거로 판게아 대륙을 분석해 대륙 모양이 서로 맞물릴 뿐 아니라, 오늘날 대륙 내부에 흩어져 존재하는 산맥들이 한 줄로 나란히 이어짐을 주장했어요. 하지만 베게너는 큰 대륙들을 나누어 멀리 이동시키는 힘이 무엇인지 설명할 수 없었고, 당시의 과학자들은 베게너의 주장을 믿지 않았어요.

맨틀대류설 (--對流設)	맨틀 對(대할 대) 流(흐를 류) 設(말씀 설): 맨틀이 대류하는 힘에 판이 같이 움직인다는 이론

홈스가 1928년 맨틀의 대류에 따라 대륙이 이동하게 된다는 맨틀대류설을 발표했어요. 맨틀대류설은 베게너가 밝혀내지 못했던 대륙이동설에서의 대륙을 이동시킬 힘을 설명하였는데, 맨틀이 대류를 할 수 있는 유동성 있는 고체가 되는 이유는 방사성 원소들이 붕괴하며 발생하는 열 때문이에요. 우리가 직접 맨틀이 대류하는 것을 눈으로 볼 수는 없지만 지구 내부의 열로 맨틀이 대류하고 지각 운동을 한다는 말이에요.

해저확장설 (海底擴張說)	海(바다 해) 底(밑 저) 擴(넓힐 확) 張(넓힐 장) 說(말씀 설): 바다와 대양 아래에 있는 지표면이 대륙 쪽으로 이동함으로써 해저가 확장된다는 가설

해저확장설은 헤스가 이미 제시한 해저 확장에 대한 개념을 디즈가 정리하여 발표했어요. 해

저확장설은 대륙이동 · 조산운동 등의 대륙의 지질 현상을 설명하기도 해요. 해저 확장의 원인은 맨틀 대류이며, 해저가 확장되는 속도는 2cm/년 정도로 추정되고 있어요. 해저확장설은 나중에 판구조론의 중요한 토대가 되었어요.

판구조론(板構造論)	板(널빤지 판) 構(얽을 구) 造(만들 조) 論(학설 론): 지구 표면은 여러 개의 굳은 판으로 나뉘어져 있는데, 판이 서로 수평운동을 하고 있다는 이론

지각은 유라시아판, 아프리카판, 오스트레일리아-인도판, 태평양판, 남극판, 아메리카판의 여섯 개의 주요 판으로 나뉘고 여러 개의 소규모 판들이 있어요. 판이란 큰 널빤지 모양의 암석 덩어리를 가리키는 말이에요. 이 판들은 맨틀 상부, 대양지각, 대륙지각 전체가 한 방향으로 매년 조금씩 이동한다고 해요. 각 판의 경계 분포는 지진대와 화산대의 분포와 일치하는데 지진, 화산활동, 조산과정 등의 지각변동을 주로 판들 간의 상호작용 및 판의 생성, 진화라고 말하는 입장에서 설명하고자 하는 것이 판구조론이에요.

해령(海嶺)	海(바다 해) 嶺(산봉우리 령): 바다 속에 있는 산봉우리

바다 속에도 육지에서 볼 수 있는 것과 같은 산들을 볼 수 있는데, 바다에 있는 산맥이라 해령이라는 이름이 붙었어요. 해령은 판을 생성하는 부분에 해당해요. 맞닿아 있는 두 개의 판은 맨틀 대류에 의해 이동하게 되고, 서로 멀어지는 부분일 경우 빈 공간을 채우기 위해 마그마가 지하에서부터 상승하여 빈 공간을 채우게 되지요. 이때 상승하는 부분은 주변보다 상대적으로 높기 때문에 해령이 만들어지는 것이에요.

해구(海溝)	海(바다 해) 溝(하수구 구): 바다 속에 있는 하수구

심해저에서 움푹 들어간 좁고 긴 곳으로, 급사면에 둘러싸인 해저 지형이에요. 한마디로 바다 속에서 가장 깊은 부분이지요. 이곳은 하수도로 물이 빠지듯이, 해령에서 만들어진 새로운 판이 해구로 들어가서 없어지는 곳이라고 생각하면 돼요.

2 수권의 구성과 순환

물은 생명이 탄생하고 생태계를 이루는 데 대단히 중요한 역할을 한다. 빙하를 포함하여 강물이나 바닷물 등 지구 상에서 물이 존재하는 영역을 수권이라고 하는데, 지권에 내린 물은 풍화와 침식 작용을 일으켜 지표를 변화시키고 지권의 물질을 호수나 바다로 운반한다. 물은 독특한 물리적, 화학적 특성을 가지고 있으며, 밀도가 큰 대부분의 광물이 물속에 가라앉는다. 지각의 낮은 부분인 해양지각 위에는 물이 모여서 바다를 이루게 되고, 물속에는 플랑크톤부터 고래에 이르기까지 많은 생명체들이 생태계를 이루며 살고 있다.

01 수권의 구성

빙하(氷河) | **만년설**(萬年雪) | **지하수**(地下水) | **염분**(鹽分) | **증발량**(蒸發量) | **강수량**(降水量) | **해류**(海流) | **해빙**(海氷) | **결빙**(結氷)

02 수권의 순환

혼합층(混合層) | **수온약층**(水溫躍層) | **심해층**(深海層) | **조경수역**(潮境水域) | **대륙붕**(大陸棚)

04 | 수권의 구성

수권은 기권의 수증기를 제외한 지구의 모든 물로 바닷물, 빙하, 지하수, 강과 호수를 포함하고, 대기로 증발하였다가 비나 눈으로 내려 지권과 생물권에 공급된다.

빙하(氷河)	氷(얼음 빙) 河(물 하): 눈이 오랫동안 쌓여 다져져 육지의 일부를 덮고 있는 얼음 층

빙하는 크게 세 가지 종류로 나눌 수 있는데 빙하가 계곡을 채우면서 천천히 흐르는 곡빙하, 극지방의 넓은 지역을 덮으면서 그 넓이가 5만km^2 를 넘으면 빙상, 그리고 주로 산꼭대기를 덮으면서 그 보다 좁으면 빙모라고 불러요. 빙하는 지구상에서 가장 많은 민물을 저장하고 있으며 이는 바다 다음으로 가장 많은 물 저장고라고 할 수 있어요. 빙하가 차지하는 면적은 지구 육지의 약 10%이고, 이들 중 대부분은 남극 대륙과 그린란드에 넓은 빙상으로 존재하고 있어요. 빙하가 저장하고 있는 담수는 전체 민물의 75%를 차지하고 있으며, 지구의 빙하가 모두 녹으면 해수면이 약 60m 정도 상승할 것으로 예상돼요.

만년설(萬年雪)	萬(일만 만) 年(해 년) 雪(눈 설): 극지방이나 고산 지대에 내린 눈이 여름 동안에 다 녹지 못하고 1년 내내 남아 있는 눈

만년설은 고위도지방이나 1년 내내 기온이 낮은 높은 산에서 볼 수 있어요. 실제로는 표면 부근에서 열에 의해 융해 또는 승화가 일어나고 녹고 있지만 눈이 다시 내릴 때까지 쌓여있는 눈의 일부가 남아 있기 때문에 영구히 녹지 않는 것처럼 보여요. 만년설의 내부는 눈이 압력에 의해 차츰 녹아 지름 1~2㎜ 정도의 작은 얼음 입자로 변해 있어요.

지하수(地下水)	地(땅 지) 下(아래 하) 水(물 수): 지표면 밑의 빈틈을 채우고 있거나 흐르는 물

흔히 지하수는 지하에 있는 물이라고 생각하지만 실제로 지하에 있는 물을 모두 지하수라고 하지는 않아요. 지하수는 얕은 곳에서 깊은 곳까지 존재하는데 보통 1000m 내외에 존재해요. 지하수는 수온이나 수질이 일정하고 비교적 쉽게 모을 수 있어 물의 오염 문제가 심각한 오늘날 수자원으로써 이용 가치가 점점 커지고 있어요.

염분(鹽分)	鹽(소금 염) 分(나눌 분): 해수 중에 함유되어 있는 염류의 농도

바닷물에 녹아있는 물질을 염류라고 해요. 염분이란 해수 중에 함유되어 있는 염류의 농도를 말한다. 바닷물 1kg에 함유되어 있는 염류의 양을 g으로 나타낸 것으로 ‰(퍼밀)의 단위를 사용하며, 세계 바다의 평균 염분 농도는 35‰이에요. 염분은 전기전도도, 굴절률, 밀도, 음속에 비례하고, 해수의 결빙 온도에 반비례해요. 위도와 기후는 표층의 염분을 결정하는 중요한 요인이에요. 표층 염분은 위도 25°지역인 아열대 지역에서 최고값을 가지고, 적도 쪽이나 고위도 쪽으로 갈수록 염분이 낮아져요. 이러한 이유는 주로 저위도와 고위도 지역에서 강수량이 많기 때문이지요.

증발량(蒸發量)	蒸(증발할 증) 發(떠날 발) 量(분량 량): 일정한 시간 안에 물의 표면에서 수증기가 증발하는 양

증발량은 어떤 시간 안에 단위면적의 지표면이나 수면에서 증발에 의하여 잃어버린 수분의 양을 말해요. 증발량은 강수량과 같이 ㎜ 단위를 사용하여 물의 깊이로 표시하고, 시간은 1시간 또는 1일로 표시해요.

강수량(降水量)	降(내릴 강) 水(물 수) 量(분량 량): 일정 기간 동안 일정한 곳에 내린 강수의 총량

강수량은 강수가 일정 시간 내에 수평한 지표면 또는 지표의 수평투영면에 낙하하여 증발되거나 유출되지 않고 그 자리에 고인 물의 깊이를 말해요. 눈, 싸락눈, 우박 등 강수가 얼음인 경우에는 이것을 녹인 물의 깊이를 말하며 이슬, 서리, 안개를 포함해요. 비의 경우는 강우량, 눈의 경우는 강설량이라 하며, 통칭하여 강수량이라고 불러요. 강수량은 증발과 같이 ㎜ 단위를 사용하여 물의 깊이로 표시해요.

해류(海流)	海(바다 해) 流(흐를 류): 바닷물의 흐름

강물은 높은 곳에서 낮은 곳으로 흘러서 결국 바다에 도달하게 돼요. 바다에서는 물이 어떻게 흐를까요? 바닷물도 강물처럼 일정한 방향으로 흐르고 있어요. 바람, 조석력, 밀도 차이 등에 의해 바닷물의 흐름이 생겨요. 해류는 수온에 따라 따뜻한 해수의 흐름인 난류와 차가운 해수의 흐름인 한류로 구분해요.

해빙(海氷)	海(바다 해) 氷(얼음 빙): 바닷물이 동결해서 생긴 얼음

해빙은 바닷물이 냉각하여 동결한 것을 말하며 육지에서 만들어져 바다에 뜬 것도 해빙이라고 해요. 처음에는 빙정이라고 하는 미세한 얼음 결정이 생겼다가 차차 밀집하여 더 두꺼워지고 더 단단해져요. 해빙의 두께는 기온의 영향을 받지만, 극지방에서도 1년간 2m를 넘지 않아요. 해안에서 발달해 있는 것을 정착빙이라 하고, 바람이나 해류에 의해서 이동하는 것을 유빙이라고 해요.

결빙(結氷)	結(맺을 결) 氷(얼음 빙): 물의 온도가 영하로 떨어져 어는 현상

흔히 냉동실에 넣어 놓은 물이나 바닥에 뿌려져 있는 물 등은 기온이 영하로 내려가면 쉽게 결빙이 되지만, 흐르는 큰 강이나 바다 표면에서는 대기와 접촉하고 있는 물 표면의 온도가 영하로 내려가도 밀도차로 인해 대류 현상이 일어나서 쉽게 결빙되지 않아요. 또한 염분이나 다른 물질이 물속에 많이 포함되어도 결빙이 잘 안 일어나지요.

02 | 수권의 순환

수권의 대부분을 차지하는 바다는 수많은 생물의 서식처이며, 지구의 온도를 일정하게 유지시키는 역할을 한다. 바다는 깊이에 따른 수온 분포에 의해 혼합층, 수온약층, 심해층으로 구분한다.

혼합층(混合層)	混(섞을 혼) 合(합할 합) 層(층 층): 해수면 부근의 수온 변화가 거의 없는 수층

혼합층은 해수면 부근의 수온 변화가 거의 없는 수층을 말해요. 혼합층은 전체 해양 부피의 2% 정도이며, 바람의 혼합 작용에 의해 윗부분과 아랫부분 바닷물이 혼합되면서 일정한 온도층을 형성해요. 전형적인 혼합층의 수심은 150m이지만 지역적인 조건에 따라 1000m까지 되는 데도 있고 나타나지 않는 경우도 있어요. 위도에 따라 살펴보면 적도 보다는 중위도에서 깊게 나타나는데 그 이유는 중위도가 바람이 세기 때문에 더 아랫부분까지 물을 섞어 주기 때문이에요. 극지방은 표층의 온도와 바닥의 온도가 거의 동일해서 혼합층이 심해층과 거의 같다고 볼 수 있어요.

수온약층(水溫躍層)	水(물 수) 溫(온도 온) 躍(뛸 약) 層(층 층): 바다에서 깊이에 따라 수온이 급격하게 감소하는 층

수온약층은 따뜻한 혼합층과 차가운 심해층 사이에 위치하기 때문에 아래로 내려갈수록 온도가 급격히 감소해요. 수온약층은 대기권의 성층권과 같이 가장 안정(밀도가 큰 찬물이 아래에 있고 밀도가 작은 따뜻한 물이 위에 있으므로)한 층으로 혼합층과 심해층의 물질과 에너지 교환을 억제해요. 또한 수온약층은 적도에서는 얕고, 중위도 지방에서는 깊고, 한대 전선 위쪽에서는 나타나지 않는 경우도 있어요. 적도 지방의 혼합층이 얕은 까닭은 바람이 약하여 혼합 작용이 약하기 때문이며, 고위도에서는 찬 해수의 냉각으로 해수가 차갑기 때문에 혼합층과 수온약층이 없이 모두 심해층으로 되어 있기 때문이에요.

심해층(深海層)	深(깊을 심) 海(바다 해) 層(층 층): 연중 수온이 낮고 변화가 없는 층

수온은 깊이에 따라 감소해요. 따라서 해수의 위는 따뜻하고 아래는 차가워 일반적으로 안정한 상태를 유지하고 있어요. 수온은 깊은 심해층보다 표면 가까이에서 더 급격히 감소해요. 중위도 바다 1000m 수심에 존재하는 심해층은 연중 수온 변화가 없으며 그 부피비는 전체 해수의 약 80%를 차지하지요. 혼합층과 수온약층의 두께와 수심은 계절과 지리적 위치에 따라 변하지만 심해층은 거의 일정한 상태를 유지해요. 심해층의 수온은 0~4℃예요. 태양 에너지는 100m 수심에서는 1%보다 적은 양만 남으므로 수심 1000m의 심해층은 태양 에너지가 거의 도달할 수 없기 때문에 연중 온도 변화가 거의 없다고 볼 수 있어요.

조경수역(潮境水域)	潮(바닷물 조) 境(경계 경) 水(물 수) 域(구역 역): 한류와 난류가 교차하는 영역

한류와 난류가 만나면 고밀도의 한류가 난류 아래쪽으로 이동하는데, 이 물은 용존산소량이 많아서 플랑크톤이 풍부하고 산소와 플랑크톤의 순환이 활발해 영양이 풍부하여 어류가 많이 모여요. 한류성 어종인 대구, 청어 등과 난류성 어종인 오징어, 고등어, 꽁치 등이 모두 잡히는 황금 어장을 형성하죠. 우리나라의 경우 울릉도 근처에 위치하고 있어요.

대륙붕(大陸棚)	大(큰 대) 陸(육지 륙) 棚(선반 붕): 대륙의 선반

대륙붕의 붕은 선반을 의미해요. 바닷가에서 바다 쪽으로 약 150m 깊이까지는 경사가 완만해서 거의 평지처럼 보이고, 150m 이후에는 갑자기 깊어져요. 즉 육지를 둘러싸는 바닷속은 선반 모양의 지형을 하고 있다는 의미로 대륙붕이라고 해요. 해안에서 대륙붕 가장자리까지의 수평 거리는 해안에 따라 차이가 크지만, 세계적으로 평균 약 70km 정도라고 해요.

3 기권과 우리 생활

태양계를 구성하는 여러 천체 중 지구는 생명체가 살고 있는 유일한 행성이다. 이와 같이 지구에 생명체가 살 수 있는 것은 대기와 물이 태양 복사 에너지를 받아 끊임없이 순환하면서 생명체가 살 수 있는 알맞은 환경을 만들어 주기 때문이다. 지구는 기체들이 지구 표면에 붙잡혀 있는 기권을 형성하고 있다. 기권은 생물의 호흡과 광합성에 필요한 기체를 제공해 주며, 우주에서 오는 해로운 빛을 흡수하여 생명체를 보호하고, 지구에서 생명체가 살기에 적당한 온도를 유지해 준다. 또 날씨 변화를 일으키고 지표를 변화시키며, 지구 상의 열을 고르게 분배한다. 지구의 대기는 어떻게 순환하며, 그 과정에서 어떤 현상이 일어날까?

01 대기권

대기(大氣) | **대기권**(大氣圈) | **공기**(空氣) | **자외선**(紫外線) | **대류권**(對流圈) | **성층권**(成層圈) | **중간권**(中間圈) | **열권**(熱圈) | **계면**(界面)

02 지구의 열수지

복사평형(輻射平衡) | **온실효과**(溫室效果)

03 구름과 강수

수증기(水蒸氣) | **응결**(凝結) | **노점**(露點) | **상대습도**(相對濕度) | **팽창**(膨脹) | **빙정**(氷晶) | **빙정설**(氷晶說) | **병합설**(倂合說)

04 기단과 전선

기압(氣壓) | **해풍**(海風)·**육풍**(陸風) | **기단**(氣團) | **전선**(前線) | **한랭전선**(寒冷前線) | **온난전선**(溫暖前線)

05 대기 대순환

대기 대순환(大氣大循環) | **적도**(赤道) | **무역풍**(貿易風) | **편서풍**(偏西風) | **극동풍**(極東風)

01 | 대기권

우리가 숨을 쉴 수 있는 것은 공기가 있기 때문이다. 바람이 불거나 하늘이 파란 것도 공기가 있기 때문이다. 지구를 둘러싸고 있는 공기의 층을 기권이라고 한다. 기권은 지구의 크기에 비해 매우 얇지만, 생명체와 지표면에 많은 영향을 준다. 지구를 둘러싸고 있는 공기를 대기라 하고, 대기로 이루어진 층을 대기권이라 한다. 이러한 대기권은 대류권, 성층권, 중간권, 열권으로 구분한다.

대기(大氣)	大(큰 대) 氣(기체 기): 지구 주위를 둘러싸고 있는 기체

지구는 기체로 둘러 싸여 있지요. 이 기체는 거의 같은 높이의 기층으로 되어있는데, 대기의 약 78%가 질소(N_2), 약 21%가 산소(O_2), 약 0.94%가 아르곤(Ar), 약 0.03%가 이산화탄소(CO_2)로 이루어져 있어요. 우리가 숨을 쉬기 위해 필요한 산소(O_2)가 21% 밖에 안 된다고 하니 걱정인가요? 우리는 이 적은 비율의 산소도 충분히 호흡하고 있으며, 수천 년에 걸쳐서 적응해왔어요.

대기권(大氣圈)	大(큰 대) 氣(기체 기) 圈(구역 권): 지구를 둘러싸고 있는 대기의 층

대기권의 높이는 약 1,000km가 되지만 전체 공기의 99%는 중력 작용에 의해 지상 약 32km 이내에 밀집되어 있어요. 대기의 구성, 온도 등 물리적인 성질이 높이에 따라 달라지므로, 이를 토대로 대류권, 성층권, 중간권, 열권으로 나눌 수 있어요. 또한 이들 사이의 경계면을 대류권 계면, 성층권 계면, 중간권 계면이라고 해요. 대기권은 지구에 생명체가 유지되도록 하는데 중요한 역할을 해요. 태양 등 지구 밖의 세계로부터 들어오는 해로운 빛을 흡수해주고, 운석이 충돌하는 것을 막아 줘요. 지표가 내는 열을 품어 지구를 보온해주며, 대류 현상으로 열을 고르게 퍼뜨려서 지구 전체의 온도 차이를 줄여주기도 해요. 또한 대기권은 동식물이 호흡하는 데 필요한 산소(O_2)를 포함하고 있지요.

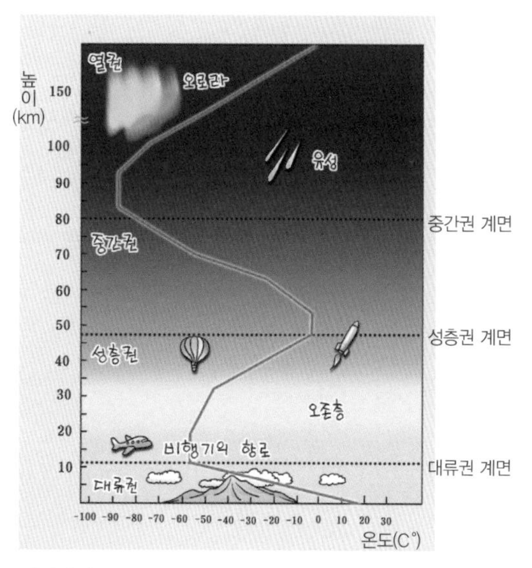

대기권의 구조

공기(空氣)

空(공중 공) 氣(기체 기): 지구를 둘러싼 대기 하층을 구성하는 무색 투명한 기체

공기는 지구상에 생물이 존재하는데 꼭 필요한 역할을 하며, 학자들이 오랜 시간 동안 연구하여 공기의 조성이 밝혀졌어요. 지구의 역사와 더불어 만들어진 것으로, 공기가 없으면 지구 표면은 태양열에 직접 노출되고, 생물체들은 호흡을 할 수 없어서 생물이 존재할 수 없게 되어요. 또한 아무리 소리를 질러도 소리가 전해지지 않고, 불이 타오르는 것도 불가능하며 바람, 비, 눈과 같은 대기 현상도 일어나지 않아요.

자외선(紫外線)

紫(자줏빛 자) 外(바깥 외) 線(선 선): 가시광선보다 짧은 파장

자외선은 사람의 피부를 태우거나 살균작용을 하며, 과도하게 노출될 경우 피부암에 걸릴 수도 있어요. 태양은 광범위한 파장을 가진 빛에너지를 방출해요. 가시광선의 보라색 광선보다 더 짧은 파장을 가진 자외선 복사는 살갗을 태우고 건강에 해로운 영향을 줘요. 오존층은 성층권의 고도 약 25km 근방에 존재하는 오존(O_3)으로 이루어진 층이에요. 산소 원자(O)와 산소 분자(O_2)가 뭉쳐있는 상태인데, 생물체에 유해한 자외선을 흡수하여 분해하지요. 태양으로부터 오는 생물체에 해로운 자외선을 막아주는 대단한 역할을 해주고 있는 것이 오존층이에요. 그러나 성층권의 오존층이 얇아지면 지표에 도달하는 자외선 복사량이 증가하게 되는데, 이렇기 때문에 대기오염의 심각성을 알고 우리 모두 자연을 위해 환경파괴를 조심해야 해요.

대류권(對流圈)

對(대할 대) 流(흐를 류) 圈(구역 권): 대기권의 가장 아래층

대기의 최하층으로 지표면에서 높이 약 10km까지의 대기층을 말해요. 지표면에서 방출된 열로 인해 고도가 낮은 곳은 온도가 높고 높아질수록 기온은 내려가요. 대기 중에 수증기를 포함하고 있어 구름과 비, 눈 등의 기상 현상이 일어나고 대기가 불안정하여 대류운동이 매우 활발해요. 지표면의 영향으로 난류나 대류 작용에 의한 수직운동이 왕성하므로 구름과 비, 눈과 같은 기상 현상을 비롯해서 온대저기압, 전선, 태풍 등 거의 모든 대기운동이 일어나지요.

성층권(成層圈)	成(이룰 성) 層(층 층) 圈(구역 권): 대류권 바로 위에 존재하는 기온이 거의 일정한 대기층

고도 10~50km까지의 대기층이에요. 성층권의 하부에서는 기온이 높이에 따라 일정하다가 상부에서는 높이에 따라 기온이 증가하는데 오존층이 태양의 자외선을 흡수하기 때문이에요. 성층권은 대단히 안정하여 대류권과 달리 대류 현상이 없어서 일기변화 현상도 거의 없어요.

중간권(中間圈)	中(가운데 중) 間(사이 간) 圈(구역 권): 성층권 바로 위에 존재하는 대기층

중간권은 고도 50~80km 사이에 있는 대기층이에요. 대기권에서 가장 기온이 낮은 곳이에요. 중간권에서는 약한 대류운동이 있고 수증기가 없어 기상 현상이 나타나지 않아요. 바람과 비, 눈 모두 물이 있어야 생기는 현상이기 때문이에요. 가끔 중간권에서 유성이 관측되기도 해요.

열권(熱圈)	熱(열 열) 圈(구역 권): 대기권의 최상층으로 중간권 위에 있는 대기층

열권은 고도 80~1000km 사이에 있는 대기층이에요. 태양열을 직접 흡수하기 때문에 고도가 올라갈수록 온도가 높아져요. 인공위성의 궤도로 이용되기도 해요. 자외선을 열권에 있는 질소나 산소가 흡수하기 때문에 온도가 높아지며 대체로 고도 약 200km까지는 온도가 비교적 급격히 상승하지만 그 위에서는 서서히 상승해요.

계면(界面)	界(경계 계) 面(면 면): 대기층과 대기층의 경계면

대류권과 성층권, 성층권과 중간권, 중간권과 열권의 사이에는 각각 대류권 계면, 성층권 계면, 중간권 계면이 있어요. 대류권 계면은 고도 10km 지점, 성층권 계면은 고도 50km 지점, 중간권 계면은 고도 80km 지점에 위치하고 있어요. 위로 올라갈수록 대류권에서는 온도가 낮아지지만 대류권 계면을 지나 성층권에 진입한 순간부터는 온도가 서서히 증가해요. 또, 성층권 계면을 지나 중간권으로 갈수록 온도는 다시 낮아지지만 중간권 계면을 지나 열권에 진입한 순간부터는 온도가 서서히 증가해요.

02 | 지구의 열수지

기권은 지구에서 생명체가 살기에 적당한 온도를 유지시켜 주는 기능을 한다. 전 세계적인 산업발달로 인해 석유, 석탄 같은 화석연료의 사용량이 증가하고 무분별한 토지 개발로 숲이 파괴되면서 그 결과로 지구의 연평균 기온이 0.6℃ 정도 상승하고 있다고 한다. 지구온난화가 계속되면 빙하가 계속 녹아 해수면이 상승하게 되고 미세한 온도 변화에도 민감한 생물들이 사라질 수 있다.

복사평형(輻射平衡)	**輻(바퀴살 복) 射(쏠 사) 平(평평할 평) 衡(고를 형): 흡수한 에너지를 모두 방출하여 평형을 이루고 있는 상태**

복사평형은 어떤 물체가 다른 물체로부터 흡수한 복사에너지의 양과 방출한 복사에너지의 양이 평형을 이루는 상태를 말해요. 복사는 물체로부터 에너지가 방출되는 것이고요. 지구를 비롯한 모든 천체는 복사평형을 이루고 있지요. 지구는 태양 복사에너지를 계속 흡수하고 있지만 온도는 계속해서 올라가지 않고 있어요. 왜 그럴까요? 그것은 지구가 흡수한 에너지의 양과 같은 양을 지구 복사로 방출하기 때문이에요. 즉 열이 들어오고 나가는 정도인 지구의 열수지는 0이라고 할 수 있어요.

온실효과(溫室效果)	**溫(데울 온) 室(집 실) 效(효과 효) 果(결과 과): 지구가 방출한 복사에너지가 대기를 빠져나가기 전에 다시 지구로 흡수되어 기온이 상승하는 현상**

온실효과는 대기가 마치 온실의 유리처럼 기능하는 것을 말해요. 만약 지구에 대기가 존재하지 않으면 태양에서 받는 빛에너지를 그대로 방출할 것이에요. 그렇게 되면 지구 표면의 평균기온은 약 -20℃까지 떨어지게 돼요. 현재 지구의 평균기온이 약 15℃이기 때문에 대기가 존재하지 않으면 35℃ 정도 차이가 나는 것이죠. 이것은 대기의 온실효과 때문이에요.

자연적인 온실효과를 일으키는 데에는 수증기가 가장 큰 역할을 하지만, 흔히 알고 있는 것처럼 지구온난화의 원인이 되는 온실기체로는 이산화탄소(CO_2)가 가장 대표적이에요. 이외에도 아산화질소(N_2O), 프레온가스(CFC) 등이 온실효과를 일으키는 기체로 유명해요. 이러한 기체들의 배출량을 줄이기 위해서 교토의정서에 의해 전 세계의 나라들이 국제적인 협조에 들어가 있는 상태예요.

03 | 구름과 강수

눈이나 비가 올 때 하늘을 보면 짙은 구름이 덮고 있는 것으로 보아, 눈이나 비는 구름으로부터 만들어진다는 것을 짐작할 수 있다. 그러면 구름 속에서 눈이나 비는 어떻게 만들어지는 것일까? 작은 물방울들인 구름 알갱이를 뭉치고 뭉쳐서 커지면 무거워지고, 더 이상 공중에 떠 있지 못하고 아래로 떨어져 내리는 것이 비다. 구름에서 형성되는 비나 눈을 비롯하여 우박·안개·이슬·서리와 같은 현상 등은 강수 현상에 속한다.

강수 현상에 의해 지표로 내려온 물은 생명활동에 이용되며 지하수를 형성하거나 지표를 따라 다시 바다로 흘러간다. 그리고 태양 복사 에너지에 의해 지표에서 증발하여 수증기로 변하면서 다시 대기 중으로 들어가는 순환 과정을 계속한다. 이러한 전 과정을 '물의 순환'이라 한다.

수증기(水蒸氣)	水(물 수) 蒸(증발할 증) 氣(기체 기): 기체 상태의 물

수증기는 액체 상태인 물을 끓는점(100℃) 이상으로 가열하여 기화된 것을 말해요. 수증기는 무색, 무취인 투명한 기체로 눈에 보이지 않아요. 흔히 주전자에 물을 넣고 끓일 때 볼 수 있는 흰색의 '김' 은 기체인 수증기가 아니라, 수증기가 공기 중에서 응결되어 만들어진 액체 상태의 작은 물방울이에요.

응결(凝結)	凝(엉길 응) 結(맺힐 결): 공기 중에 퍼져 있던 수증기가 물로 변하는 현상

응결은 공기가 이슬점 이하로 냉각되어서 수증기가 물방울로 맺히는 현상을 가리켜요. 응결의 주원인은 공기의 냉각인 것이죠. 온도가 낮아지면 공기가 포함할 수 있는 수증기의 양(포화수증기량)이 줄어들어요. 수증기의 응결로 구름이나 안개가 생기거나 이슬이 맺히기도 해요. 여름철 찬 얼음물이 든 컵의 바깥 표면에 물방울이 생기는 현상도 응결이라고 할 수 있어요. 이는 컵의 바깥 면에 있던 수증기가 냉각되어 물방울로 맺힌 것이에요. 겨울철 아침 유리창 안에 물방울이나 성에가 생기는 현상도 볼 수 있어요.

노점(露點)	露(이슬 노) 點(점 점): 응결이 시작될 때의 온도

노점은 이슬점이라고도 해요. 공기를 서서히 냉각시켜 어떤 온도에 다다르면 공기 중의 수증기가 응결하여 이슬이 생기는데, 이때의 온도를 이슬점이라고 해요. 이슬점은 수증기의 양에 따라서 결정되므로 공기 속에 있는 수증기의 양을 나타내는 기준이 되요. 기온이 같더라도 상대습도가 다르면 이슬점은 달라지기도 해요.

상대습도(相對濕度)	相(서로 상) 對(대할 대) 濕(젖을 습) 度(정도 도): 현재 수증기량과 최대로 포함할 수 있는 수증기량의 비를 퍼센트(%)로 나타낸 것

포화수증기량은 온도에 따라서 변하기 때문에 공기가 포함한 수증기량이 일정하여도 상대습도는 온도에 따라 다른 값을 가져요. 일기예보에서 현재 습도가 100%라고 한다면, 모든 공간이 물로 차있다는 뜻이 아니라 현재 공기 중에 있는 수증기량이 현재 온도의 포화수증기량과 같다는 뜻이에요. 흔히 기온은 낮에는 높고 밤에는 낮아요. 따라서 낮에는 기온이 높아 포화수증기량이 크므로 상대습도가 낮고, 밤이나 새벽에는 기온이 낮아 반대로 포화수증기량이 작아서 습도가 높아요. 단순히 습도라고 할 때는 대부분 상대습도를 말하는 경우가 많아요.

팽창(膨脹)	膨(부풀 팽) 脹(늘어날 창): 물체의 질량은 일정하게 유지되면서 부피가 늘어나는 현상

물체가 열을 받으면 분자의 운동 에너지가 증가하여 아주 활발하게 움직여요. 따라서 분자가 차지하는 공간이 넓어지게 되어 물체의 부피가 늘어나게 돼요. 예를 들어, 열기구가 하늘에 뜨려면 열기구의 큰 풍선이 부풀어 올라야 해요. 히터를 틀어서 열기구 내부의 공기를 따뜻하게 하면 공기의 부피가 늘어나게 되고 밀도가 주변 공기보다 상대적으로 낮아져 하늘에 뜨게 되지요. 이것은 온도가 높아짐에 따른 열기구 내부의 공기 팽창을 이용한 것이에요. 온도의 상승 외에도 압력의 감소로 기체가 팽창하기도 해요. 대체로 고체나 액체는 부피 변화가 적고, 기체는 부피 변화가 커요. 에어백, 열기구, 에어컨(압축된 기체를 팽창시켜 공기를 냉각시키는 장치) 등은 기체의 팽창을 이용하는 거예요.

빙정(氷晶)

氷(얼음 빙) 晶(결정 정): 대기 중에 생기는 작은 얼음 결정

빙정은 수증기가 응결할 때 고도가 높아 기온이 영하로 떨어져 직접 얼음의 입자로 결정되는 구름입자를 말해요. 빙정의 모양은 온도와 습도에 따라 다양해요. 빙정 결정의 형태는 승화해서 변화된다든지 수증기의 부착, 물방울의 부착, 결정화 등에 의한 변화가 있지만, 대체로 외부 조건에 의해 육각기둥 모양, 육각뿔 모양, 삼각판 모양 등 여러 가지 형태가 있고, 때로는 불규칙한 비결정성 빙정이 되기도 해요.

빙정설(氷晶說)

氷(얼음 빙) 晶(결정 정) 說(말씀 설): 물방울에서 증발된 수증기가 빙정 표면에서 응결하여 비가 된다는 이론

일정 고도까지 대기가 상승하면 빙정과 물방울이 공존하는 상태가 돼요. 이때, 물방울 주위의 포화수증기가 빙정에 승화되고 그로 인해 빙정이 더욱 커지게 되는 것이죠. 빙정에 수분을 빼앗긴 물방울은 다시 증발해서 점점 작아지고 상승하여 다시 빙정과 함께 섞이면서 더 높은 곳에서 구름을 형성하게 되지요. 커져서 무거워진 빙정은 낙하하면서 작은 빙정들과 합쳐지는데 이 빙정이 하강하면서 녹으면 비가 되고, 녹지 않으면 눈이 되어 내리게 되는 것이에요.

병합설(倂合說)

倂(아우를 병) 合(합할 합) 說(말씀 설): 물방울들이 서로 부딪쳐 물방울들이 합쳐져 비가 된다는 이론

병합설은 열대지방에서 생성되는 비에 적용되는 이론이에요. 구름 속에서 만들어지는 물방울은 그 크기가 다양한데, 이 가운데서 큰 물방울이 작은 물방울보다 빨리 떨어져요. 큰 물방울은 떨어지면서 작은 물방울과 합쳐지는데, 이와 같은 과정을 병합이라고 해요. 큰 물방울이 구름 안에서 1.5㎞ 떨어지면 수백만 개의 작은 물방울과 합쳐지게 되는데 이렇게 만들어진 물방울은 매우 무겁기 때문에 공기가 이를 지탱하지 못해 땅으로 떨어지게 되는 것이죠. 한편 지름이 6㎜ 이상의 큰 물방울은 작은 물방울로 나뉘고 구름이 빠르게 올라갈 때 함께 올라가지요. 그리고 위로 올라간 물방울은 이와 같은 병합 과정을 되풀이하게 되는 것이에요.

04 | 기단과 전선

공기가 넓은 대륙이나 해양 위에 오랫동안 머물러 있으면 지표면의 영향을 받아 기온과 습도 등이 거의 비슷해진다. 이렇게 하여 생긴 큰 공기 덩어리를 기단이라 하고, 성질이 다른 기단이 만나서 만든 경계면을 전선면, 이 전선면이 지표면과 만나는 경계선을 전선이라고 한다.

기압(氣壓)	氣(공기 기) 壓(누를 압): 대기가 단면적 1㎡를 수직으로 누르는 힘

기압이란 단위 면적 위의 공기 무게에 의해 지표면에 가해지는 힘을 말해요. 즉 지표면에서부터 대기의 상단에 이르기까지의 단위 면적당 커다란 공기 기둥의 무게와 같아요. 수은 기둥 760mm의 높이에 해당하는 기압을 표준기압이라 하고, 이것을 1기압(=1013.25hPa)이라 해요. 기압은 기상요소 및 기후요소뿐만 아니라 기상과 기후를 결정하는데 큰 영향을 주어요. 고기압이 되면 일반적으로 대기가 안정하고 건조하며 하늘은 맑아요. 반면 저기압은 보통 대기가 불안정하고 구름이 많으며 습도가 높고 강수 현상이 나타나지요.

해풍(海風) 육풍(陸風)	海(바다 해) 風(바람 풍): 해양에서 육지로 부는 바람 陸(육지 육) 風(바람 풍): 육지에서 해양으로 부는 바람

해풍은 해안지역에서 낮 동안에 걸쳐 바다에서 육지를 향해 부는 바람이에요. 낮에 육지가 해양보다 빠르게 가열되어 육지의 공기 밀도가 상대적으로 바다보다 낮아서 기압이 상대적으로 높은 해양에서 육지로 바람이 불게 되는 것이지요. 이에 반해 육풍은 육지에서 바다를 향해 부는 바람이에요. 밤에 육지가 해양보다 빠르게 냉각되어 육지의 공기 밀도가 상대적으로 바다보다 높아서 기압이 상대적으로 높은 육지에서 바다로 바람이 불게 되는 것이지요.

기단(氣團)	氣(공기 기) 團(경단 단): 성질이 비슷한 공기 덩어리가 평평한 면에서 넓게 펴진 것

기단이 생성되는 지역은 평평하고 넓은 범위에 걸쳐 일정한 성질을 가진 바람이 약하게 불어야 해요. 따라서 기단은 주로 넓은 대륙 위나 해양 위에서 발생해요. 일반적으로 바람이 약한 저위도 지방과 고위도 지방에서 형성되며, 특히 정체성 고기압권이나 기압경도가 작은 거대한 저기압권에서 형성되기 쉬어요. 중위도대는 편서풍이 강하고 저기압이나 전선 등이 자주 발생하기 때문에 기단이 형성되기는 어려워요.

전선(前線)

前(자를 전) 線(선 선): 온도 · 습도 · 밀도 등 물리적 성질이 서로 다른 두 기단이 만나는 경계면이 지표면과 만나 생기는 선

온도나 습도 등의 성질이 다른 두 기단이 만나면 잘 섞이지 않고 서로 부딪쳐서 따뜻한 기단이 찬 기단 위로 올라가서 그 사이에 경계면이 생기는데 이를 전선면이라 해요. 이 전선면이 지표면과 만나는 경계선을 전선이라고 하고요. 전선의 양쪽에서는 기온과 밀도 등이 달라요. 전선면이라고 해서 종이와 같이 얇은 것은 아니고 수 km의 두께를 가지고 있으며, 지표면에 대해 약 1/100의 경사를 가지고 있기 때문에 전선도 수백 km 정도의 폭을 가진 선이에요.

한랭전선(寒冷前線)

寒(찰 한) 冷(찰 냉) 前(자를 전) 線(선 선): 찬 공기가 더운 공기 아래로 이동할 때 생기는 전선

한랭전선은 찬 공기가 더운 공기를 미는 경우에 발생해요. 무거운 찬 공기가 가벼운 더운 공기를 밀면 찬 공기는 더운 공기 아래를 파고들어요. 이때 생기는 경계면을 한랭전선면이라 하고 지표와 만나는 부분을 한랭전선이라 하지요. 한랭전선에서는 찬 공기가 더운 공기를 밀어올리기 때문에 공기의 상승운동이 매우 활발해요. 따라서 전선의 기울기도 크며 강한 상승운동 때문에 적운형의 구름이 발달하여 좁은 지역에 천둥과 번개를 동반한 소나기가 내려요. 강한 비바람이 몰아치고 때로는 우박도 내리기도 해요. 한랭전선이 통과하고 난 지역은 찬 공기가 밀려들었기 때문에 기온이 내려가요.

온난전선(溫暖前線)

溫(따뜻할 온) 暖(따뜻할 난) 前(자를 전) 線(선 선): 더운 공기가 찬 공기를 타고 오르며 형성되는 전선

더운 공기가 찬 공기를 만나 찬 공기를 미는 경우에 발생해요. 더운 공기는 가볍고 찬 공기는 무거우므로 이동하는 더운 공기는 찬 공기를 타고 올라가요. 이때 생기는 경계면을 온난전선면이라 하며 지표와 만나는 부분을 온난전선이라 하지요. 온난전선면에서 더운 공기는 찬 공기 위를 서서히 그리고 넓게 퍼져 올라가기 때문에 전선면의 기울기가 매우 완만해요. 또한 상승운동이 활발하지 않으므로 층운형의 구름이 발달해 넓은 지역에 걸쳐 비가 오랫동안 내려요. 그리고 온난전선이 통과한 지역은 더운 공기가 밀려왔다는 것을 뜻하므로 기온이 올라가요.

05 | 대기 대순환

대기는 끊임없이 움직이면서 여러 규모의 순환을 발생시킨다. 크고 작은 대기의 순환은 지구 상의 수증기와 에너지를 운반하고, 이러한 과정에서 여러 가지 기상 현상이 일어난다. 대기 대순환은 실제로 그 규모가 수만 km에 걸쳐서 지속적으로 일어나고 있는 지구 규모의 대기 운동인데, 이러한 대기 대순환은 어떻게 해서 일어나는 것일까?

대기 대순환 (大氣大循環)	大(큰 대) 氣(공기 기) 大(큰 대) 循(돌 순) 環(고리 환): 지구 전체를 둘러싼 대기의 운동

지구를 둘러싸고 있는 공기의 운동은 규모에 따라서 여러 가지로 나눌 수 있어요. 그중 전 지구에 걸쳐 일어나는 대규모 대기의 순환을 대기 대순환이라고 해요. 대기 대순환은 기권과 수권, 지권, 생물권 사이의 크고 작은 상호 작용에 지대한 영향을 줘요. 특히 대순환의 유지 및 강도는 이들 에너지의 크기에 좌우돼요. 대기 대순환을 일으키는 힘은 태양 에너지예요. 적도 지방의 더운 공기가 상승하고 극지방의 찬 공기가 하강하는 대류에 의해 순환이 시작되며, 이 순환에 의하여 에너지가 이동하게 되지요.

적도(赤道)	赤(붉을 적) 道(길 도): 지구의 자전축에 대하여 직각으로 지구의 중심을 지나도록 자른 평면과 지표와의 교선

적도는 위도의 기준이며, 위도 0°의 선에 해당해요. 지리적으로는 위도 0°의 선이 지나는 지역을 말하기도 해요. 지구의 적도반지름은 6378.4km로, 남북극 방향의 극반지름보다 약 22km 길어요. 이렇게 차이가 나는 이유는 지구가 자전하기 때문이에요. 적도 지역은 태양의 직사광선을 받는 일이 많고, 그 때문에 상승기류가 생기고, 적도 무풍대 또는 적도 저기압대를 형성해요. 이로 인하여 지구상에는 고온다습한 열대 우림 기후가 생기는 것이에요.

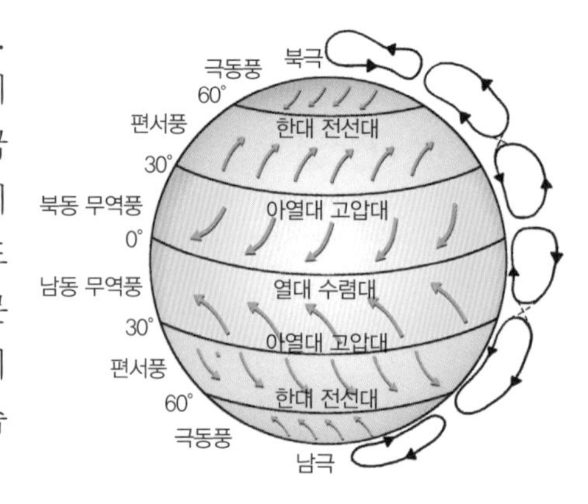

무역풍(貿易風)	貿(바꿀 무) 易(바꿀 역) 風(바람 풍): 아열대 고압대로부터 적도 저압대를 향해 부는 바람

무역풍은 아열대 고압대로부터 적도 저압대를 향해 부는 바람을 말해요. 위도 30° 부근의 고압대에서 지표면을 따라 적도 저압대를 향하여 북쪽에서 부는 바람을 북동 무역풍, 남쪽에서 부는 바람을 남동 무역풍이라 하며 1년 내내 지속적으로 부는 바람이에요. 본래는 정남북의 방향으로 부는 것인데 지구 자전으로 인한 전향력의 영향을 받아서 북반구에서는 오른쪽으로 쏠리기 때문에 북동풍, 남반구에서는 왼쪽으로 쏠려 남동풍으로 되는 것이에요.

편서풍(偏西風)	偏(치우칠 편) 西(서쪽 서) 風(바람 풍): 아열대 고압대로부터 아한대 저압대를 향하여 서쪽에서 동쪽으로 부는 바람

편서풍은 위도 30° 부근의 고압대에서 지표면을 따라 위도 60° 부근을 향하여 부는 바람으로 1년 내내 지속적으로 부는 바람이에요. 본래는 정남북으로 부는 것인데 지구 자전으로 인한 전향력의 영향을 받아서 북반구에서는 왼쪽으로 쏠리기 때문에 남서풍, 남반구에서는 오른쪽으로 쏠려 북서풍으로 돼요. 북반구에서는 계절풍 때문에 자주 발생하지 않으나, 남반구에서는 육지가 적어서 자주 발생해요.

편서풍은 교통에도 큰 영향을 줘요. 항공기는 편서풍을 이용해 비용을 절감해요. 우리나라에서 미국으로 갈 때 편서풍을 이용하므로 2시간 이상의 시간 절약이 가능해요. 물론 유류절감도 되는 것이죠. 우리나라가 편서풍 지대에 위치해 있음으로 인해 겪는 어려움도 있어요. 바로 우리나라 서쪽에 위치한 중국의 황사나 미세먼지가 우리나라로 날아온다는 것이에요.

극동풍(極東風)	極(남북의 두 끝 극) 東(동쪽 동) 風(바람 풍): 극 고압대로부터 아한대 저압대를 향하여 부는 바람

극동풍은 극지방의 고압대에서 지표면을 따라 위도 60° 부근을 향하여 부는 바람으로 1년 내내 지속적으로 부는 바람이에요. 본래는 정남북으로 부는 것인데 지구 자전으로 인한 전향력의 영향을 받지만 북반구와 남반구 모두 서쪽을 향해 부는 편동풍이라고도 할 수 있어요.

4 태양계

태양계를 구성하는 천체에는 태양, 태양을 중심으로 돌고 있는 8개의 행성과 왜소행성, 각 행성들 주위를 돌고 있는 위성, 수많은 소행성, 혜성, 유성 등이 있다. 태양은 태양계 내에서 스스로 빛을 내는 유일한 천체이며, 나머지 천체들은 태양에서 오는 빛을 반사한다.

은하수라고 부르기도 하는 우리 은하는 현재 우주에서 발견되는 수많은 다른 은하들과 크게 다르지 않다. 그래서 다른 은하들을 관측하면 우리 은하와 태양계가 어떻게 탄생하게 되었는지 짐작할 수 있다. 최근에 이루어진 소행성이나 혜성의 탐사도 이들 천체에 대한 특징을 알 수 있을 뿐만 아니라 태양계 탄생에 대한 이해를 높이는 데 좋은 자료를 제공하고 있다.

01 지구와 달

자전(自轉) | **공전**(公轉) | **천체**(天體) | **월식**(月蝕) | **일식**(日蝕) | **북극성**(北極星) | **고도**(高度) | **위도**(緯度) | **경도**(經度) | **일주운동**(日周運動) | **연주운동**(年周運動) | **천구**(天球) | **황도**(黃道) | **백도**(白道) | **지평선**(地平線) | **방위각**(azimuth) | **초승달** | **상현달** | **보름달** | **하현달** | **그믐달** | **조석**(潮汐) | **만조**(滿潮)·**간조**(干潮) | **대조**(大潮)·**소조**(小潮)

02 태양계 탐사

내행성(內行星) | **외행성**(外行星) | **지구형 행성**(地球型行星) | **목성형 행성**(木星型行星) | **위성**(衛星) | **소행성**(小行星) | **왜소행성**(矮小行星) | **혜성**(彗星) | **유성**(流星) | **운석**(隕石) | **광구**(光球) | **쌀알무늬**(granule) | **흑점**(黑點) | **채층**(彩層) | **코로나**(corona) | **홍염**(紅焰) | **플레어**(flair)

01 | 지구와 달

지구에서 태양과 달을 보면 거의 같은 크기로 보인다. 이는 일식이 일어날 때 달과 태양의 크기가 거의 일치하는 것으로 보아도 알 수 있다. 현재 남아 있는 일식에 대한 기록 중 가장 오래된 것은 기원 전 20세기 무렵에 중국에서 관측된 것이다. 우리나라에서도 삼국 시대 이전부터 일식과 월식이 관측되어 왔는데, 그 기록이 《삼국사기》나 《고려사》, 《조선왕조실록》 등에 남아 있다.

자전(自轉)	自(스스로 자) 轉(회전할 전): 천체가 자신의 회전축 주위를 회전하는 운동

천체에 고정된 회전축 주위의 회전운동을 자전 또는 자전운동이라 하며, 그 회전축을 자전축이라고 해요. 지구의 경우, 이 자전축은 공전면과는 직교하지 않고 66.5° 정도 기울어져 있어요. 하루를 주기로 회전하는 운동인데, 지구가 자전을 하기 때문에 우리가 사는 지구에는 낮과 밤이 존재하게 되는 것이지요. 만약, 지구가 자전을 하지 않는다면 태양을 마주 보고 있는 지역은 계속 뜨거워져 사막이 될 것이고, 태양을 등지고 있는 지역은 추운 북극처럼 될 거예요.

공전(公轉)	公(공평할 공) 轉(회전할 전): 한 천체가 다른 천체 주위를 도는 운동

공전은 한 천체가 중심이 되는 천체 주위를 도는 운동으로 공전면을 따라서 운동해요. 지구가 태양의 둘레를 도는 것은 지구의 공전, 달이 지구의 둘레를 도는 것은 달의 공전이라고 해요. 지구의 경우, 1년을 주기로 운동하는데, 공전궤도의 크기 및 형태를 표시하는 것으로 궤도반경과 이심률이 있어요.

천체(天體)	天(하늘 천) 體(물체 체): 천문학의 연구 대상이 되는 우주를 형성하고 있는 물체

천체는 천문학의 연구 대상으로 우주를 형성하고 있는 태양, 행성, 위성, 달, 혜성, 소행성, 항성, 성단, 성운 등의 총칭이에요. 이 밖에 운석, 행성 간 물질, 항성 간 물질, 우주진 등도 천체라 할 수 있어요. 또 인공위성, 인공행성 등은 인공천체라 하여 따로 구분하고 지구 자체는 천문학적으로 보면 천체이지만 그렇게는 부르지 않아요.

월식(月蝕)	月(달 월) 蝕(좀먹을 식): 달이 지구의 그림자 속으로 들어가서 가려지는 현상

지구가 태양과 달 사이, 즉, 태양-지구-달로 위치할 때 나타나는 현상으로 보름달일 때에만 일어나요. 달의 궤도면의 백도면이 태양의 궤도면인 황도면과 약 5° 정도 기울어져 있어서 태양, 지구, 달이 일직선상에 놓일 기회가 별로 없기 때문에 매달 자주 일어나는 것은 아니에요. 달이 전부 가려지는 것을 개기월식이라 하고 일부만 가려지는 것을 부분월식이라고 해요.

일식(日蝕)	日(날 일) 蝕(좀먹을 식): 태양이 달에 의해서 가려지는 현상

달이 태양과 지구 사이, 즉 태양-달-지구로 위치할 때 나타나는 현상이에요. 일식도 월식과 마찬가지로 달의 궤도면의 백도면이 태양의 궤도면인 황도면과 약 5° 정도 기울어져 있어서 태양-지구-달이 일직선상에 놓일 기회가 별로 없기 때문에 자주 일어나는 것은 아니에요. 달의 그림자에는 내부의 아주 어두운 부분인 본영과 외부의 덜 어두운 부분인 반영이 있어요. 지구상의 관측자가 본영 안에 있으면 태양이 전부 달에 가려지는 개기일식이 보이고, 반영 안의 관측자는 태양의 일부가 달에 의해서 가려진 부분일식이 보여요. 달은 지구 주위를 타원궤도로 공전하고 있으므로 지구와의 거리가 일정하지 않아요. 지구에서 달까지의 거리가 멀어져서 본영이 지구의 표면까지 미치지 못하는 때가 있는데 그러한 때에는 본래 본영이 위치할 곳에서는 태양이 달의 주위를 둘러싼 것 같은 금환일식이 보여요.

북극성(北極星)	北(북녘 북) 極(극 극) 星(별 성): 천구의 북극에 위치해 있는 별

북극성은 지구의 자전축과 북쪽에서 일치하는 별로서, 현재는 육안으로 보이는 별 중 제일 밝은 별인 작은곰자리의 알파(α)별을 말해요. 하지만 정확히 자전축과 일치하지는 않고 지구의 세차운동(회전하는 천체의 회전축 자체가 도는 운동)에 의해 현재 자전축에서 멀어지고 있는 상태이며, 지금으로부터 약 1만 2천 년 후면 거문고자리 알파성인 직녀성(베가)이 북극성이 될 것이에요.

고도(高度)

高(높을 고) 度(정도 도): 지평선을 기준으로 하여 측정한 천체의 높이를 각도로 나타낸 것

3차원상의 천체의 위치를 2차원상에 나타내는 방법에는 여러 가지가 있는데, 가장 쉽게 나타낼 수 있는 방법은 관측자와 관측자가 밟고 있는 지평선을 중심으로 하는 것이에요. 이를 지평좌표라 하는데 방위각과 고도로 천체의 위치를 나타내지요. 방위각이란 북점 또는 남점에서 시계 방향으로 천체까지 잰 수평각이며, 0~360° 범위예요. 고도는 지평선에서 천체까지 잰 수직각(높이)을 말하며 측정 범위는 0~90°예요. 지평선을 기준으로 위쪽을 양(+), 아래쪽을 음(−)으로 나타내요.

위도(緯度)

緯(가로 위) 度(정도 도): 지구 위의 위치를 나타내는 좌표축 중에서 가로로 된 것

같은 위도를 나타내는 선을 위선이라고 하고, 북반구에서는 북위, 남반구에서는 남위라고 해요. 또 적도를 위도 0°로 하고 남북으로 각각 90°까지 있는데, 북극점은 북위 90°, 남극점은 남위 90°에 해당돼요. 양극에 가까워질수록 고위도라고 하고, 적도에 가까워질수록 저위도라고 해요. 지표면 위의 한 점에 세운 법선이 적도면과 이루는 각을 위도라고 하는데 천문좌표, 측지좌표에서 위치를 결정할 때 주로 이용되지요. 우리나라는 북위 35°부근에 위치하고 있어요.

경도(經度)

經(세로 경) 度(정도 도): 지구 위의 위치를 나타내는 좌표축 중에서 세로로 된 것

경도는 그리니치 천문대를 지나는 본초자오선을 기준으로 동쪽에서는 동경, 서쪽에서는 서경이라고 해요. 또 본초자오선을 중심으로 각각 180°씩 돌아가면서 좌표가 설정되어 있어요. 지구는 24시간에 대체로 360° 회전하기 때문에 그 회전 각도와 경과시간은 비례해요. 그래서 경도는 각도 대신에 시간으로 표시하는 경우도 있어요. 즉 경도 15°는 1시간이에요. 우리나라는 동경 127° 부근에 위치하고 있어요.

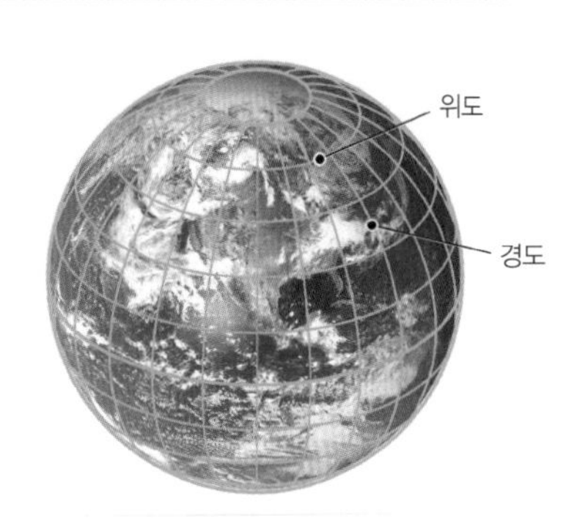

위도와 경도

일주운동(日周運動)

日(날 일) 周(돌 주) 運(옮길 운) 動(움직일 동): 지구의 자전에 따른 천체의 1일 주기의 겉보기 운동

태양, 달, 별들이 하루를 주기로 한 바퀴씩 회전하는 현상을 말하며, 지구의 자전 때문에 나타타나요. 따라서 일주운동의 방향은 지구 자전 방향의 반대인 동쪽에서는 서쪽이고, 북극성을 중심으로는 반시계 방향이 되는 것이에요.

연주운동(年周運動)

年(해 연) 周(돌 주) 運(옮길 운) 動(움직일 동): 지구의 공전에 따른 천체의 1년 주기의 겉보기 운동

태양의 주위를 도는 지구가 1년에 걸쳐 하는 주기적인 운동 및 그 운동에 따라 생기는 천체의 1년 주기의 겉보기 운동이에요. 태양의 궤도면인 황도면과 적도면은 23.5° 기울어져 있기 때문에 천체의 위치를 나타내는 태양의 적위도 1년 주기로 변하여 4계절이 생기게 되는 것이에요.

천구(天球)

天(하늘 천) 球(공 구): 관측자를 중심으로 하는 반지름 무한대의 구면

둥글게 보이는 밤하늘을 학문적으로 천구라고 불러요. 천구는 천체의 위치를 나타내는 데 사용되어요. 천구의 구조는 지구의 자전축을 연장시켜 북쪽에서 만나는 천구의 북극, 그리고 남쪽과 만나는 천구의 남극, 지구의 적도면을 연장했을 때 천구와 만나는 면인 천구의 적도, 관측자의 머리 위를 연결했을 때의 천정과 그 반대쪽의 천저, 그리고 천정과 천저를 연결한 선의 직각으로 천구와 만나는 원인 지평선 등으로 구성되어 있어요. 또 천구의 북극과 남극, 그리고 천정과 천저를 지나는 대원을 자오선이라고 하는데, 이 자오선에 천체가 오게 되면 그것을 '남중'했다고 말해요. 정중 또는 자오선통과라고도 하며, 대부분의 천체는 남중할 때 고도가 최고가 돼요.

지구는 서쪽에서 동쪽으로 자전하므로 천구는 상대적으로 동쪽에서 서쪽으로 하루에 한 번씩 회전하게 돼요. 또 지구의 공전에 따른 천구의 연주운동으로 인해 몇 달이 지나면 밤하늘의 별자리들이 변하게 되는 것이에요.

황도(黃道)	黃(누를 황) 道(길 도): 천구 상의 태양의 궤도

황도는 지구의 공전으로 나타나는 천구에서의 태양의 겉보기 운동 경로예요. 지구의 공전궤도면과 황도면은 일치하며, 이것은 적도면과 23°쯤 기울어 있고, 황도상의 적도를 가로지르는 두 점이 춘분점과 추분점이에요. 태양의 궤도면은 평면을 이루지 않지만, 평면이라고 생각하여 그 평균 궤도면을 황도면이라고 하는 거예요. 황도를 기준으로 하는 좌표계를 황도좌표계라 하며 행성의 위치를 나타내는데 편리해요. 달의 궤도면인 백도면과는 약 5° 가량 어긋나 있어요.

백도(白道)	白(흰 백) 道(길 도): 천구 상의 달의 궤도

백도는 지구의 자전으로 나타나는 천구에서의 달의 겉보기 운동 경로예요. 엄밀하게 말하면 달 공전 궤도면의 연장선이 천구상의 별자리와 만나는 원을 말해요. 달은 백도를 따라 하루에 13°씩 회전하여 27.3일이 되면 다시 처음의 자리로 돌아와요.

지평선(地平線)	地(땅 지) 平(평평할 평) 線(선 선): 바다와 하늘의 경계선

지평선은 지구상의 한 지점에서 볼 때 평평한 지표면 또는 수면이 하늘과 맞닿아 이루는 선으로 천문학에서는 지상의 관측자를 지나는 연직선에 직교하는 평면과 천구와의 교선을 천구의 지평선이라고 해요. 지표좌표로는 고도 0°인 지점이에요.

방위각azimuth	관측지점에서 볼 때 물체와 천정을 지나는 면이 자오선 면과 이루는 각

방위각은 지표 위에 있는 물체의 위치를 표시하는 지평좌표의 하나예요. 천문학에서는 남점에서 서쪽으로 0°에서 360°까지 측정하고, 측지학에서는 북점에서 동쪽으로 0°에서 360°까지 측정해요. 방위각을 나타낼 때는 도(°), 분(′), 초(″)로 표시해요.

초승달	초승 무렵의 얇고 가는 달

초승달은 한 달이 시작하는 즈음에 뜨는 달이라 하여 붙여진 이름이에요. 초승은 초하루부터 몇일간을 뜻하는 말이에요. 초승달은 음력 3일경 해가 진 후 서쪽 하늘에서 볼 수 있어요.

상현달	달이 남중할 때 달의 보이는 면이 보이지 않는 면의 윗부분에 위치한 달(북반구 기준)

음력 7일이 되면, 초승달에서 점점 차올라 오른쪽 반이 보이는 상현달이 나타나요. 반쪽만 보이는 것은 태양과 달이 지구와 이루는 각도가 90°이기 때문이에요. 상현달은 한낮에 떠서 해가 지고 난 후 남쪽 하늘에서 볼 수 있어요. 같은 상현달이지만, 북반구에서는 오른쪽 반이 보이고, 남반구에서는 왼쪽 반이 보여요.

보름달	달이 원형으로 보이는 상태

음력 15일이 되면, 태양–지구–달 순서로 일직선이 되어 달의 전면을 볼 수 있어요. 보름달은 태양이 지고 난 뒤 동쪽에서 떠올라 자정쯤에 정남쪽에 위치해요.

하현달	달이 남중할 때 달의 보이는 면이 보이지 않는 면의 아랫부분에 위치한 달(북반구 기준)

보름이 지나면 달의 오른쪽 부분부터 차츰 기울어져, 음력 21일에는 하현달이 되어요. 하현달은 태양과 지구, 달이 이루는 각이 90°이며, 북반구에서는 왼쪽 반만 보여요.

그믐달	달이 가장 작은 형태로 보이는 상태

달은 지구를 약 27.3일 동안 일주하며, 달의 위상변화는 약 29.5일을 주기로 달라져요. 달이 지구를 공전하는 동안 지구도 태양을 공전하기 때문에 일주 주기와 위상 변화 주기가 다른 것이에요. 그래서 음력 27일 이후가 되면 달의 모습은 차츰 보이지 않게 돼요. 그믐달은 새벽에 떠서 해가 뜨기 전까지 동쪽 하늘에서 관측이 가능해요.

조석(潮汐)	潮(조수 조) 汐(조수 석): 지구 · 달 · 태양 간의 인력에 의하여 발생하는 해수면의 규칙적인 승강 운동

조석은 달 · 태양 등 천체의 인력 작용으로 해면이 1일 2회 오르내리는 현상을 말해요. 해면의 상승으로 육지 쪽으로 밀려오는 물은 밀물이라 하고, 해면의 하강으로 바다 쪽으로 빠지는 물은 썰물이라 해요. 그리고 조석에 의하여 높아진 해면은 고조 또는 만조라 하고, 낮아진 해면은 간조라 해요. 조석간만의 차이, 즉 조차란 말은 만조와 간조 간의 높이의 차이를 의미해요.

만조(滿潮)	滿(가득할 만) 潮(조수 조): 해수면이 하루 중에서 가장 높아졌을 때
간조(干潮)	干(텅 빌 간) 潮(조수 조): 해수면이 하루 중에서 가장 낮아졌을 때

만조는 고조라고도 해요. 보통 하루에 2회 있으나, 해역에 따라서는 만조와 간조가 하루에 1회밖에 일어나지 않는 경우도 있어요. 또 이때의 조석의 높이도 시간과 장소에 따라 일정하지 않을 수도 있어요. 수심이 얕은 항구에서는 큰 선박의 출입을 위해서 만조 때가 이용되어요. 이에 반해 저조라고도 하는 간조는 만조 직후부터 조수가 빠지기 시작하여 해수면이 가장 낮아진 상태를 가리켜요. 일반적으로 하루에 2회 발생하지만, 만조와 같이 해역에 따라서는 1회밖에 발생하지 않는 곳도 있어요.

대조(大潮)	大(큰 대) 潮(조수 조): 조석 간만의 차가 제일 큰 보름이나 그믐기의 조석
소조(小潮)	小(작을 소) 潮(조수 조): 조석 간만의 차가 제일 작을 때의 조석

대조는 사리라고도 해요. 약 15일마다 달이 보름달 또는 그믐달일 때 일어나는 조차가 가장 큰 조석을 말해요. 이 시기에는 달, 지구, 태양이 일직선상에 놓여 달과 태양이 해수에 미치는 인력을 함께 하기 때문에 조차가 커지게 되는 것이에요. 이에 반해 조금이라고도 하는 소조는 약 15일마다 달이 상현달 또는 하현달일 때 일어나는 조차가 가장 작은 조석을 말해요. 이 시기에는 달, 지구, 태양이 직각을 이루고 있어서 태양이 해수에 미치는 인력이 상쇄되기 때문에 조차가 작아지게 되는 것이에요.

02 | 태양계 탐사

행성들은 대체로 황도 부근에서 관측되며, 다른 별에 비해 훨씬 밝으므로 쉽게 찾을 수 있다. 이 중에서도 금성은 밤하늘에서 달을 제외하고 가장 밝은 천체이므로, 우리 조상들이 샛별이라고도 불렀다. 행성 주위에는 위성이 공전하고 있고, 수성과 금성을 제외한 행성은 모두 위성을 거느리고 있다.

내행성(內行星)	內(안 내) 行(다닐 행) 星(별 성): 지구보다 태양에 가까운 곳에 위치하는 행성

행성은 태양의 둘레를 공전하는 별을 통틀어 이르는 말이에요. 태양에 가까운 것부터 수성, 금성, 지구, 화성, 목성, 토성, 천왕성, 해왕성의 여덟 행성이 있어요. 이들은 스스로 빛을 내지 못하고, 태양의 빛을 받아 반사해요.
내행성은 태양계를 구성하는 행성 중에서 지구보다 안쪽 궤도에서 태양 주위를 돌고 있는 행성들을 말하며, 수성과 금성이 내행성에 속해요. 공통적으로 내행성은 초저녁의 서쪽 하늘이나 새벽녘의 동쪽 하늘에서만 관측되고, 볼 수 있는 시간이 대체로 짧아요.

외행성(外行星)	外(밖 외) 行(다닐 행) 星(별 성): 지구보다 태양에서 바깥쪽에 위치하는 행성

외행성은 태양계를 구성하는 행성 중에서 지구보다 바깥쪽 궤도에서 태양 주위를 돌고 있는 행성들을 말하며, 화성과 목성, 토성, 천왕성, 해왕성이 외행성에 속해요. 행성은 각각의 궤도에 따라 태양 주위를 공전하며, 이에 따라 지구와 태양과 행성의 상대적인 위치 및 지구에서 행성을 관측할 수 있는 시각과 위치가 달라요. 외행성은 지구의 바깥쪽에서 공전하므로 태양의 반대쪽에도 위치할 수 있어 내행성과는 다르게 한밤중에도 볼 수 있고, 남쪽 하늘에서도 볼 수 있어요. 하지만 볼 수 없는 각도에 위치할 수도 있어서 보이지 않을 때도 있어요.

지구형 행성 (地球型行星)	地(땅 지) 球(공 구) 型(모형 형) 行(다닐 행) 星(별 성): 태양계를 이루는 행성들을 물리량에 따라 구분할 때 지구와 평균밀도 · 질량 · 크기 등이 비슷한 행성

지구형 행성으로는 수성, 금성, 지구, 화성이 있어요. 지구형 행성들은 상대적으로 크기는 작지만 밀도가 높은 행성이에요. 대기는 이산화탄소 · 질소 · 산소를 주성분으로 하지만 대기층이 엷고, 그중에서 대기를 거의 가지고 있지 않은 것들도 있어요. 행성의 표면은 단단한 암석질로 이루어져 있고, 위성은 적거나 없어요. 또 아름다운 고리도 존재하지 않아요. 지구형 행성의 조성은 주로 암석이며, 중심부에는 철 · 니켈을 함유하고 있는 것으로 추측돼요.

목성형 행성 (木星型行星)	木(별 이름 목) 星(별 성) 型(모형 형) 行(다닐 행) 星(별 성): 태양계를 이루는 행성들을 물리량에 따라 구분할 때 목성과 평균밀도 · 질량 · 크기 등이 비슷한 행성

목성형 행성으로는 목성, 토성, 천왕성, 해왕성이 있어요. 목성형 행성들은 상대적으로 크기는 크지만 밀도는 낮은 행성이에요. 목성형 행성의 대기는 수소, 헬륨, 메테인, 암모니아 등의 가벼운 휘발성 기체들로 이루어져 있어요. 또한 많은 위성을 가지고 있는 것이 관측되고 있으며, 모두 얼음과 암석 성분으로 구성된 것으로 보이는 고리를 가지고 있어요.

위성(衛星)satellite	衛(지킬 위) 星(별 성): 행성의 주위를 그 인력에 의하여 운행하는 천체

위성은 행성의 인력에 의하여 그 둘레를 도는 천체를 말해요. 지구, 화성, 목성, 토성, 천왕성, 해왕성에 있으며, 태양계에는 160개가 넘는 위성이 알려져 있어요. 대표적으로 지구에는 달이 있어요. 위성은 대개 모행성에 비하여 지름이 수십분의 1 이하, 질량은 수만분의 1 이하이지만 달은 예외(지름 약 1/4, 질량 약 1/100)로서 모행성에 대한 비율은 태양계 중 가장 커요. 수성 · 금성의 위성은 아직 발견되지 않았어요. 아마 존재하지 않거나, 존재한다 해도 대단히 작을 것이라고 과학자들은 생각하고 있어요. 위성의 형상이라든지 물리적 특성 · 구성 등은 거의 알려지지 않았어요.

소행성(小行星)	小(작을 소) 行(다닐 행) 星(별 성): 태양을 공전 궤도로 하여 돌고 있는 행성보다 작은 천체

소행성은 태양의 주위를 근사적으로 타원 궤도를 그리면서 공전하는 작은 천체들 중에서 어느 정도의 크기를 가지고 대략 화성과 목성의 중간에 있는 것들의 총칭이에요. 소행성은 수십만 개가 넘을 것으로 추산되며, 크기는 조그만 것에서 지름이 914킬로미터나 되는 세레스에 이르기까지 아주 다양해요. 모양도 불규칙한 것에서 구형에 이르기까지 다양하고요. 이심률은 0.26 이하로서 그다지 크지 않은 것이 대부분이에요. 궤도의 형태가 현저하게 다른 특이 소행성은 주기를 가진 혜성과 비슷한 궤도를 그리면서 공전해요.

왜소행성(矮小行星)	矮(난쟁이 왜) 小(작을 소) 行(다닐 행) 星(별 성): 소행성과 행성의 중간 단계 크기의 천체

왜소행성은 태양의 주위를 공전하며 원형의 형태를 유지하고 충분한 질량을 가진 천체예요. 간단히 생각해서 소행성들보다는 무겁고 크지만 행성들보다는 확실히 가볍고 작은 천체들을 가리켜요. 얼마 전까지 행성이었던 명왕성이 지금은 왜소행성으로 구분되고 있지요.

혜성(彗星)	彗(혜성 혜) 星(별 성): 태양계 안에서 태양의 둘레를 타원이나 포물선 모양으로 도는 긴 꼬리를 가진 천체

혜성은 얼음과 티끌로 뭉쳐진 머리 부분과 태양의 복사열에 의해 반대쪽으로 길게 뻗치는 꼬리 부분으로 구성되어 있으며 지름이 1~10㎞인 작은 천체예요. 혜성은 태양의 둘레를 긴 타원형의 궤도를 그리며 돌고 있어요. 외관상 큰 특징은 꼬리로서, 태양의 반대 방향으로 생겨요. 이것은 태양풍에 의해서 만들어진 것이에요. 핼리 혜성이나 이케야-세키 혜성, 오스틴 혜성 등 유명한 혜성은 몇 개 안 되지만 해마다 20개 정도의 혜성이 발견된다고 해요. 가장 유명한 혜성은 핼리 혜성으로 76년을 주기로 태양 주위를 돌아요. 1986년에 지구 근처에 나타났으며 다음은 2062년이 돼서야 볼 수 있어요.

유성(流星)	流(흐를 유) 星(별 성): 별똥별. 지구의 대기권 안으로 들어와 빛을 내며 떨어지는 작은 물체

유성은 태양계 내를 떠도는 작은 돌덩어리가 지구의 대기 속으로 유입되면서 공기와의 마찰로 빛을 내는 것이에요. 태양계 내에 혜성이 남기고 간 파편 조각이나 소행성끼리의 충돌로 생성된 작은 조각들이 배회하다가 지구의 중력권에 들어와 지상으로 낙하하게 되는 것이죠. 보통 콩알보다 작은 유성체가 수십 ㎞/s의 속력으로 대기권으로 들어와 강력한 마찰열로 고도 60㎞ 부근에서 소멸되어 사라져요.

운석(隕石)	隕(떨어질 운) 石(돌 석): 우주에서 지구로 떨어진 천체

대부분의 운석은 지구에서 약 4억km 떨어진 화성과 목성 사이에 위치한 소행성대에서 와요. 소행성대에는 혜성이나 소행성이 남긴 파편들이 떠돌아다니는데, 이들을 유성체라 불러요. 지구로 끌려들어 온 유성체는 10~70km/s의 속도로 지구 대기로 진입하여 대기와의 마찰로 가열되어 빛나는 유성이 되는데, 이 과정에서 잔해가 지표면까지 도달한 것을 운석이라 해요.

광구(光球)	光(빛 광) 球(공 구): 지구에서 맨눈으로 태양을 볼 때 둥글게 빛나는 표면

태양의 표층은 표면과 대기로 구성돼 있는데 우리가 매일 볼 수 있는 태양의 표면이 '광구'이고, 이 구를 둘러싸고 있는 대기 중 하층대기를 '채층', 상층대기를 '코로나'라고 해요. 광구는 육안으로 보이는 태양의 빛나는 부분을 가리켜요. 광구는 햇빛의 대부분이 복사되는 층이며, 태양반지름 6.96×10^{33}cm는 그 중심에서 광구까지의 길이를 말하는 것이에요. 또한 광구의 온도 약 6,000K(켈빈)를 태양의 표면온도라 해요. 중앙부가 가장 밝고, 가장자리로 갈수록 복사 방향에 대한 시선 방향의 각이 커지므로 어두워져요. 채층이나 코로나에서 나오는 빛은 상대적으로 매우 약하여 햇빛의 일부를 차지하는데 불과하며, 그보다 깊은 층에서 나오는 빛은 그 상층부에서 흡수되므로 밖으로 나오지 못해요. 흑점과 백반이 광구에서 나타나요. 태양 이외의 항성에서는 연속 스펙트럼을 내는 부분을 광구라 하지요.

쌀알무늬 granule	태양의 표면에 나타나는 쌀알과 같은 작은 무늬

쌀알무늬는 입상반이라고도 해요. 쌀알무늬는 육안으로 보기엔 작지만 그 지름은 1,000㎞나 돼요. 이런 무늬는 태양 표면의 대류에 의해 형성되는 것이죠. 즉 태양의 내부는 표면보다 훨씬 뜨거울 것이고 뜨거운 것은 밀도가 작아 위로 올라오는 '대류 현상'을 일으켜, 내부의 물질이 분수처럼 태양의 표면 위로 치솟는 것이에요. 올라오는 물질은 온도가 높아 더 밝게 보이고, 올라왔다가 내려가는 것은 약간 온도가 낮아 올라오는 부분보다 어둡게 보여요.

흑점(黑點) sunspot	黑(검을 흑) 點(점 점): 태양 표면에 나타나는 검은 점

흑점은 태양면 위에 나타나는 검은 점을 말해요. 보기에는 매우 작아 보이지만 흑점의 크기는 약 1만km 정도라고 해요. 광구면 6,000K에 대해서 흑점 부분은 4,000K 정도이므로 상대적으로 온도가 낮아 검게 보이는데, 실제로는 4,000K에 상당하는 빛을 복사하고 있어요. 흑점은 태양의 자기장 때문에 만들어지지요. 흑점의 숫자는 태양 활동과 그 표면의 폭발과도 연관이 깊어요. 흑점이 늘어나고 감소함에 따라서 홍염, 코로나, 플레어, 태양풍 등 여러 가지 현상에 영향을 주어요.

채층(彩層)	彩(채색 채) 層(층 층): 태양 대기의 최하층을 구성하고 있는 부분

채층은 색권이라고도 해요. 태양의 광구 밖으로 두께가 수천km, 온도가 4,500~수만K에 이르는 대기층이에요. 채층은 광구에 비해 시각적으로 투명하며, 채층의 바깥에는 코로나가 있어요. 개기일식 때 이외에는 광구의 빛 때문에 관측이 불가능했으나 지금은 기술이 발전하여서 채층을 언제든지 관측할 수 있어요. 채층의 가장 일반적은 현상은 스피큘이에요. 스피큘은 약 25km/s로 치솟는 불꽃이에요. 스피큘은 채층의 꼭대기까지 도달한 다음에 다시 아래로 내려가는데, 이 과정은 10분 정도 걸려요. 채층의 다른 현상은 파이브릴인데, 스피큘과 비슷한 크기이지만 지속 시간은 두 배 가량 되는 가스기둥이에요.

코로나corona

태양 대기의 가장 바깥층을 구성하고 있는 부분

코로나는 태양의 채층에서 바깥쪽으로 퍼진 희미하게 빛나고 있는 부분이에요. 밝기는 태양에 가까울수록 크지만 그래도 보름달의 밝기 정도예요. 코로나가 보이는 부분은 보통 광구에서 2만~200만㎞의 범위예요. 코로나도 채층과 마찬가지로 개기일식 때 이외에는 광구의 빛 때문에 관측이 불가능했으나 지금은 기술이 발전하여서 코로나를 언제든지 관측할 수 있어요.

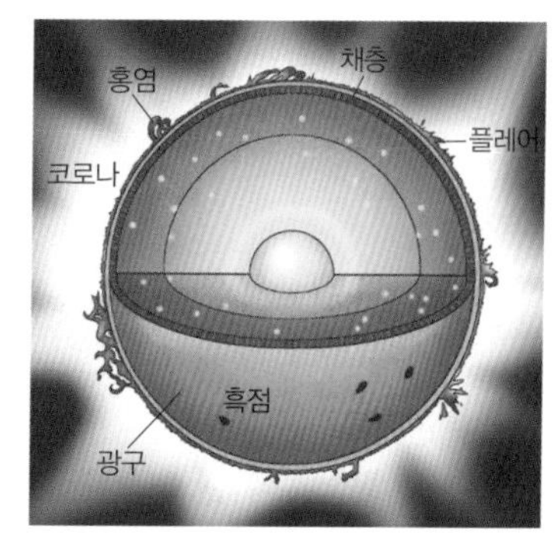

태양의 구조

홍염(紅焰)

紅(붉을 홍) 焰(불꽃 염): 태양의 가장자리에 보이는 불꽃 모양의 가스

홍염의 평균적인 크기는 높이 3만km, 길이 20만km, 폭 500km예요. 주로 흑점이 출현하는 영역에 집중되어 있어요. 홍염의 온도는 코로나 속에 있음에도 불구하고 코로나가 약 100만K인데 비해 약 7,000K로 상대적으로 주변에 비해 낮아요.

플레어flair

태양의 채층이나 코로나 하층부에서 돌발적으로 다량에 에너지를 방출하는 현상

플레어는 흑점 가까이서 발생하는데, 빛을 내기 시작하면 금방 밝아져요. 그 밝기는 서서히 줄어들어 대략 1시간 후에 본래의 밝기로 되돌아가요. 빛을 내는 영역은 작은 플레어이며 지구의 표면적 정도이고, 큰 것은 지구의 약 10배 가량이에요. 흑점이 많이 출현하는 시기에는 하루에 수십 개의 플레어가 발생하지만 흑점이 적게 출현하는 시기에는 며칠에 한 개 정도로 발생수가 적어져요.

5 외권과 우주 개발

지금까지 인류가 직접 방문한 천체는 달이 유일하고, 탐사선이 직접 착륙에 성공한 곳 중에서 가장 먼 천체는 토성의 위성인 타이탄이다. 현재 계획이 잡혀있는 가까운 미래의 우주 탐사 계획은 화성에 유인 우주선을 보내는 것과 목성에 새로운 탐사선을 보내는 것이다.

인류가 끊임없이 행성 탐사선을 발사하는 것은 천문학적인 탐사에만 목적이 있는 것이 아니라, 우리가 살고 있는 지구를 더 잘 이해하고 지구의 미래 환경을 예측하기 위해서도 필요하기 때문이다. 현재의 기술로는 우주 탐사선이 태양계를 벗어나는 데만 수십 년이 걸리고, 태양계에서 가장 가까운 별까지 가기 위해서는 수만 년이 걸리지만, 우주 탐사선 개발 기술이 비약적으로 발전하고 있으므로 언젠가는 인간이 만든 우주 탐사선이 이 천체들을 여행하는 날이 올 것이다.

01 별

시차(視差) | **연주시차**(年周視差) | **겉보기 등급**(---等級) | **절대 등급**(絶對等級)

02 우주

은하(銀河) | **성단**(星團) | **성운**(星雲) | **적색편이**(赤色偏移) | **청색편이**(青色偏移) | **대폭발우주론**(大爆發宇宙論)

01 | 별

어두운 곳에서 밤하늘을 올려다보면 하늘에는 밝기가 다른 무수히 많은 별들이 빛나고 있는 것을 볼 수 있다. 이 별들을 계속 지켜보면 별자리를 이루는 별들 사이의 상대적인 위치에는 변화가 없고, 별자리가 보이는 방향이 조금씩 변하는 것을 확인할 수 있다.

시차(視差)	視(볼 시) 差(다를 차): 천체의 한 점을 두 지점에서 보았을 때 생기는 방향의 차

시차는 동일점을 두 개의 관측점에서 보았을 때의 방향의 차, 즉 두 방향 사이의 각도를 말해요. 이 양은 또한 관측 대상으로부터 역으로 본 경우에도 두 개의 관측점을 낀 각거리와 동일해요. 관측자와 물체 사이의 거리가 멀어지면 시차는 작아져요. 특히 별을 바라보았을 때 나타나는 별의 시차의 1/2을 연주시차라고 해요. 천문학에서는 하늘의 거리를 나타내는데 시차를 이용하여 각도로 나타내는 경우가 많아요. 각을 나타낼 때는 도(°), 분(′), 초(″)로 표시해요.

연주시차(年周視差)	年(해 연) 周(돌 주) 視(볼 시) 差(다를 차): 한 해를 주기로 일정하게 보이는 차이

연주시차는 지구가 태양을 중심으로 공전운동을 함에 따라 천체를 바라보았을 때 생기는 시차를 말해요. 지구와 태양에서 한 천체를 보았을 때 생기는 각의 차이가 되며 공전운동에 의해 생기므로 '연주(年周)'라는 호칭이 붙는 것이에요. 그러나 엄밀하게 말하면 연주시차는 1년이 아니라 6개월에 한 번씩 나타나요. 지구는 태양 주위를 일년에 한 바퀴 돌기 때문에 6개월에 한 번씩 태양을 기준으로 정반대의 위치에 있게 되는데, 이때 바라본 별의 위치가 다르게 보이거든. 이 각도를 재고, 지구의 공전 주기를 정확히 알면 별까지의 거리를 알 수 있어요.
시차는 대체적으로 거리에 반비례해요. 따라서 별은 지구에서 멀수록 시차가 작아지고 가까울수록 시차가 커지지요. 하지만 연주시차로 천체의 거리를 구하는 것은 매우 제한적인 방법이에요. 관측상의 오차가 생기므로 20pc(파섹) 이내의 별들에 대해서만 이러한 방법을 사용하는 것이 좋아요.

겉보기 등급	겉보기 等(무리 등) 級(등급 급): 눈에 보이는 별들의 밝기를 등급으로 매긴 것

별의 밝기를 나타내는 것으로 겉보기 등급과 절대 등급이 있어요. 겉보기 등급은 별까지의 거리와 관계없이 우리 눈에 보이는 밝기로 등급을 구분하는 것을 말해요. 안시 등급 또는 실시 등급이라고도 하지요. 그래서 멀리 있는 별의 등급이 낮게 나올 수밖에 없어요.
가장 밝게 보이는 별을 1등급으로, 겨우 볼 수 있는 별을 6등급으로 하여 별들을 나누었어요. 1등급의 별(1등성)은 6등급의 별(6등성)보다 꼭 100배가 밝아요. 따라서 한 등급에 해당하는 밝기의 차는 약 2.5배라고 할 수 있어요. 후에 더 어두운 별들이 발견되면 7등급, 8등급 등으로 확장하고, 밝은 별들은 더 세분화하여 0등급, −1등급 등으로 사용했어요. 별들 중 가장 밝게 보이는 시리우스는 −1.4등성이고 행성 중 금성이나 목성이 밝게 보일 때는 −4.3등급 정도의 밝기로 보여요. 보름달의 겉보기 등급은 약 −12.5등급이고, 태양의 경우는 약 −26.8등급 정도의 밝기를 가지고 있어요.

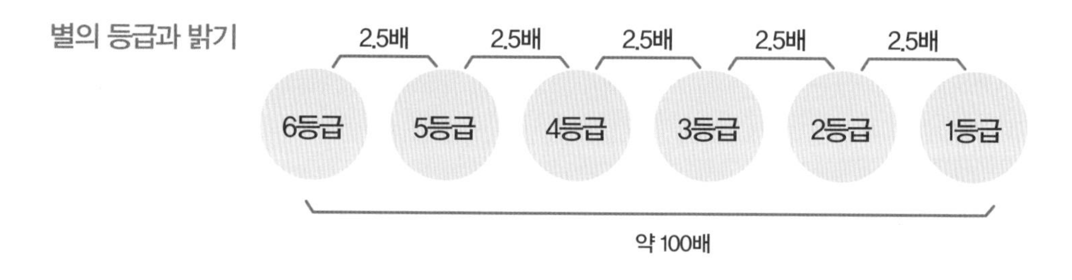

절대 등급 (絕對等級)	絕(끊을 절) 對(대할 대) 等(무리 등) 級(등급 급): 여러 별들을 10pc의 거리에 위치한다고 가정하여 측정한 별의 밝기

모든 별을 10pc(32.6광년) 되는 거리에 놓았을 때 밝기를 등급으로 나타낸 것을 말해요. 별의 실제 밝기를 비교하는 기준이 돼요. 거리를 같게 하면 원래 위치했던 곳에서 옮겨와야 되므로, 별의 밝기는 거리의 제곱에 비례하여 어두워지거나 밝아져 겉보기 밝기와는 다르게 나타나요. 우주에서 가장 빛나는 천체인 태양도 절대 등급은 약 5등성으로 밤하늘에 떠있는 희미한 별에 지나지 않아요. 겉으로 보기에는 2등성으로 보이는 북극성의 절대 등급은 −3.7등급으로 실제 밝기는 태양보다 수천 배 이상이에요.

02 | 우주

인간은 우주에 대한 호기심과 동경으로 지구뿐만 아니라 다른 천체들에 대해 끊임없이 관심을 가지고 관측해왔다. 옛날에는 맨눈으로 관측하였지만 17세기 이후에는 망원경을 이용하여 관측하기 시작하였다. 로켓을 이용하여 대기권 밖으로 쏘아 올린 우주 망원경은 지구 대기의 방해를 받지 않기 때문에 지상에서보다 훨씬 선명한 상을 얻을 수 있다. 허블 우주 망원경이 대표적인 예이다.

은하(銀河)	銀(은 은) 河(은하 하): 띠 모양으로 수천억 개의 별이 모여 있는 집단

지구에서 보았을 때 띠 모양으로 일주하는 것으로 보이는 별의 집단을 말해요. 가스를 빨아들이고 자신보다 작은 이웃의 천체를 흡수하기도 하지요. 은하는 형태에 따라 타원 은하, 나선 은하, 불규칙 은하 등으로 분류할 수 있어요. 지금까지 관측된 은하 중 나선 은하가 약 77%, 타원 은하 20%, 불규칙 은하 약 3%를 차지하고 있어요. 태양계가 속해 있는 '우리 은하'는 나선 은하 중에서 막대 나선 은하이지요.

성단(星團)	星(별 성) 團(집단 단): 은하보다 작은 규모로, 수백 개에서 수십만 개의 별로 이루어진 별들의 집단

성단은 별들이 모여 있는 형태와 별의 종족에 따라 산개 성단과 구상 성단으로 구분해요. 구상 성단은 수만~수십만 개의 별들이 공 모양으로 빽빽하게 모여 있는 별의 집단을 말해요. 주로 늙은 별로 이루어져 있고, 적색거성과 같은 별들의 집단이기 때문에 전체적으로 붉은빛을 띠어요. 산개 성단은 상대적으로 구상 성단에 비하여 느슨한 구조를 하고 있으며, 수백~수천 개의 별들이 허술하게 모여 있는 별들의 집단이에요. 주로 젊은 별로 이루어져 있고, 전체적으로 푸른빛을 띠어요.

산개 성단과 구상 성단

구분	별이 모인 모양	별의 수	별의 색깔	별의 나이
산개 성단	듬성듬성 모여 있음	수백~수천 개	푸른색	적음
구상 성단	빽빽하게 모여 있음	수만~수십만 개	붉은색	많음

성운(星雲)	星(별 성) 雲(구름 운): 흐릿한 구름과 같은 겉모양을 나타내는 천체

성운은 가스와 먼지 등으로 이루어진 대규모의 성간물질(별과 별 사이에 존재하는 물질)이에요. 주로 은하면에 모여 있으며, 주변에 있는 별의 영향과 그 구성성분 및 모양에 의해 몇 가지로 나뉘어요. 한때, 성운과 외부 은하를 구별할 수 없던 시기에 외부 은하를 성운이라고 부른 적이 있으나 오늘날에는 확실히 구분하여 부르고 있어요. 성운은 은하계 안에서 뿐만 아니라 외부 은하에서도 많이 관측되고 있지요.

적색편이(赤色偏移)	赤(붉을 적) 色(빛 색) 偏(치우칠 편) 移(옮길 이): 천체의 스펙트럼선이 원래의 파장에서 파장이 더 긴 쪽으로 치우쳐 나타나는 현상

후퇴하는 천체들에서 도플러 효과에 의해 나타나는 것으로, 편이량을 조사하면 어느 방향으로 어떤 빠르기의 속도로 후퇴하는지 측정할 수 있어요. 눈으로 관찰할 수 있는 빛인 가시광선에서 가장 긴 범위의 파장이 붉은빛을 띠고 있는 쪽으로 치우치는 것이에요. 무지개의 '빨 , 주, 노, 초, 파, 남, 보'에서 붉은색 쪽으로 치우친다고 생각하면 쉽지요?

청색편이(青色偏移)	靑(푸를 청) 色(빛 색) 偏(치우칠 편) 移(옮길 이): 천체의 스펙트럼선이 원래의 파장에서 파장이 더 짧은 쪽으로 치우쳐 나타나는 현상

눈으로 관찰할 수 있는 빛인 가시광선에서 가장 짧은 범위의 파장이 푸른빛을 띠고 있는 쪽으로 치우치는 것이에요. 무지개에서 푸른색 쪽으로 치우친다고 생각하면 쉽지요?

대폭발우주론(大爆發宇宙論)	大(큰 대) 爆(폭발할 폭) 發(필 발) 宇(집 우) 宙(집 주) 論(학설 론): 우주가 무의 상태에서 최초의 작은 덩어리에서 급격한 팽창을 일으키고, 대폭발이 일어나 팽창하게 되었다는 이론

대폭발우주론(빅뱅 이론)이 설명하는 우주는 시작과 끝이 있는 진화론적 우주로서, 우주가 팽창함에 따라 온도는 점점 낮아지고 어두워져요. 또 우주의 총 질량은 일정하고 크기는 계속 증가하므로, 시간이 지남에 따라 우주의 평균 밀도는 점점 작아져요. 이 이론을 뒷받침하는 증거에는 우주배경복사와 우주에서 관측되고 있는 수소와 헬륨 원소의 비율 등이 있어요.